U0298925

互联网生态：
理论建构与实践创新

Internet Ecology：
Theoretical Construction and Practical Innovation

谢新洲 李佳伦 著

人民出版社

目　　录

第一章　互联网与互联网生态

我国从 1994 年接入互联网以来,互联网的应用发生了翻天覆地的变化。表象上,互联网深入渗透人们的生活,成为现代生活必不可少的工具;而本质上,人们的思想、行为以及社会关系都因互联网而发生了巨大改变。

第一节　互联网普及所带来的变化

互联网技术的不断进步与创新正在改变着人们传统的生产生活方式与交流方式,Web1.0 技术为公众开启了全新的信息渠道,信息的传播速度与传播范围遍及全球;Web2.0 技术为公众构建了一个发声的信息空间,信息接收者也能参与到网络互动之中;Web3.0 技术令互联网和现实生活水乳交融。当前人们正生活在 Web3.0 时代,高速发展的互联网技术已渗透到社会生活的方方面面,并成为人们日常生活的一部分。

一、互联网技术发展的积极影响

人类在生产与生活过程中建立了人与人之间的关系,而要沟通这种关系就必须要有信息,必须要运用通信。通信是人与人之间交流信息的手段,而互联网技术的发展对人类社会的影响就是从改变其通信方式开始的。一般认为,互联网技术发展经历了三个阶段:第一阶段是以浏览器、论坛以及电子邮件为主要媒介形式的 Web1.0 阶段。在 Web1.0 阶段,信息的传递主要依靠的是大量的信息门户网页,人们通过访问网页来获取信息,其传播途径具有单向性与静态性。第二阶段是以博客①、WIKI②、RSS③ 为主要形式的 Web2.0 阶段。在 Web2.0 阶段,以超链接技术为基础,人们获得了参与制造信息的机会,能够在网络平台上与其他用户进行互动,大大加强了用户的"写"和"说"方面能力的运用。第三阶段是以微博、微信等移动社交平台为主要形式的 Web3.0 阶段。在 Web3.0 阶段,信息挖掘、大数据、云计算、人工智能等技术的运用使得参与的主体更加多元化,网络虚拟社会与现实社会的协同互动更为频繁。信息传播形式变得更为灵活、更为便利。互联网媒介也变得越来越社会化,越来越贴近人们的日常生活。整体来说,这个阶段具有开放融合、异构互联、裂变传播、高效聚合、深度参与、个性体验等特点。④ 与此同时,移动互联网的急速发展也带动了移动通信技术、智能终端的更新迭代,为互联网内容与服务模式的"大众创业、万众创新"奠定了基础。

从互联网技术对人的积极影响角度来看,在 Web1.0 时代,人们"读"的空间大大提升;在 Web2.0 阶段,人们"写"的空间进一步拓展;到了 Web3.0 阶段,人们"动"的空间已经被全面扩展开来。从互联网技术对整个社会的影响角度来看,在 Web1.0 时代,网络虚拟社会开始逐渐成形,信息的传播比传统

① 博客是英文单词"BLOG""WEB LOG"的音译,又译作"部落格",一般是指网络日志,是一种个人传播自己思想,带有知识集合链接的出版方式。其既可用作名词,亦可用作动词。作为动词,指在博客(Blog 或 Weblog)的虚拟空间中发布文章等各种形式的过程。

② 又译作"维基"或"维科"。WIKI 一词来源于夏威夷语的"wee kee wee kee",原义为"快点"。在互联网中 WIKI 指一种超文本系统。这种超文本系统支持面向社群的协作式写作,同时也包括一组支持这种写作的辅助工具。

③ RSS(Really Simple Syndication)是一种描述和同步网站内容的格式,是使用最广泛的 XML 应用。简易信息聚合(也叫聚合内容)是一种 RSS 基于 XML 标准,在互联网上被广泛采用的内容包装和投递协议。

④ 参见杜智涛、张丹丹:《技术赋能与权力相变:网络政治生态的演进》,《北京航空航天大学学报(社会科学版)》2018 年第 1 期。

社会更为迅速,人们的交往开始逐渐超越地域的界限;在 Web2.0 时代,网络社会更加趋于完善并开始呈现出独有的特征,其打破了传统社会的运行规则,使得人与人之间的交往不再受到时间与空间的羁束;在 Web3.0 时代,网络社会已经演变成了一个多维社会空间,不再仅仅是现实社会在网络空间的延伸与迁移,而是自生成为一个更为独立的社会体系。

从互联网技术对社会的积极影响来看,移动互联网带动的技术和产业竞争已成为网络空间竞争的重要形态。我国在芯片、操作系统等领域加大创新力度,例如华为鸿蒙系统建立自成体系的移动互联网产业,缩短与世界领先信息通信技术的差距,形成以企业为主体的技术和产业领先格局。

二、互联网技术发展所带来的安全隐患与挑战

互联网最初是因军事需要而被发明的,发明者无法预料互联网被如此广泛地运用。互联网具有无数节点,这是网络的特性,节点既是网络稳定性的重要基础,又是互联网容易被攻击的环节。互联网软件本身很难十全十美,很难没有缺陷,因此总是需要不断更新。可以说,没有任何一个网络是绝对安全的,互联网自身的协议栈和组成软件存在先天脆弱性和技术漏洞,每个节点和缺陷都是可能的被攻击点,依靠"打补丁"式的漏洞修复难以从源头上避免受到攻击。互联网既有的安全问题,移动互联网都具有,而且它还有自身特有的安全问题,地址、账号、身份等个人信息和关键数据在移动互联网存储和传输方面会面临更大风险。当前,黑客、犯罪分子将注意力转向了移动互联网,制作、发布移动互联网恶意程序,利用伪基站发送垃圾信息和诈骗信息,通过移动互联网、机顶盒等实施侵权盗版等,初步形成了一条完整的利益链条。移动互联网领域的网络隐私侵害、网络侵权、网络诈骗等事件频发,给个人信息安全、单位机构信息安全、国家信息安全带来巨大威胁。仅 2021 年 9 月,我国境内感染木马或僵尸网络恶意程序的终端数为近 315 万个,境内被篡改网站数量 7352 个,其中被篡改政府网站数量为 30 个,境内被植入后门的网站数量为

2864 个,其中政府网站有 5 个,针对境内网站的仿冒页面数量为 71 个。① 国家信息安全漏洞共享平台(CNVD)收集整理信息系统安全漏洞 2273 个,其中,高危漏洞 620 个,可被利用来实施远程攻击的漏洞有 1711 个。② 由此可见,安全是互联网、移动互联网始终未解决的问题。而移动互联网在开启一个新的时代的同时,其所引发的信息安全问题的重要性也日益凸显。

目前,移动互联网接入安全隐患主要表现在两个方面:一是无线路由器存在后门或漏洞。自 2013 年下半年以来,友讯集团(D-link)、腾达科技(Tenda)、思科公司(Cisco)等主流网络设备生产厂商的多款路由器先后被曝存在后门或漏洞,一旦被恶意攻击者利用,则恶意攻击者可实现对路由器远程控制,并进一步实施对用户上网行为的监控,窃取用户敏感信息,甚至远程关闭路由器,造成大范围网络中断,或者进行域名劫持和网站欺诈等。二是免费 Wi-Fi 陷阱。用户接入移动互联网的方式大致可分为两类:一类是通过移动通信网络接入,包括 2G、3G、4G、5G 等;另一类是通过无线局域网接入,例如 Wi-Fi。随着公共场所 W-Fi 覆盖热点的增加以及便捷无线路由器大规模进入家庭,越来越多的用户倾向于选择 Wi-Fi 这种快速便捷、不限流量的接入方式。从安全性来看,通过移动通信网络接入在技术本身和网络建设部署中,已经较为全面地考虑了安全保护机制,如实现了双向鉴权认证等。但公众场所的无线局域网接入,则用户群体多样,密码设置一般较为简单,容易被黑客攻击,且在同一 Wi-Fi 热点里黑客可以通过 MAC 欺骗、ARP 攻击等手段对其他用户进行攻击。例如,2015 年央视"3·15"晚会曝光了一种新的诈骗手段,黑客利用与免费 Wi-Fi 相同名称的热点,欺骗用户接入,并对其实施数据监控和劫持。移动智能终端安全威胁来源多样。2021 年,国家互联网应急中心对"刷单"APP

---

① 参见《CNCERT 互联网安全威胁报告》2021 年 9 月总第 129 期,https://www.cert.org.cn/publish/main/upload/File/CNCERTreport202109.pdf,查询日期:2022 年 5 月 5 日。

② 参见《CNCERT 互联网安全威胁报告》2021 年 9 月总第 129 期,https://www.cert.org.cn/publish/main/upload/File/CNCERTreport202109.pdf,查询日期:2022 年 5 月 5 日。

跟踪监测发现一种新型典型诈骗模式，首先犯罪分子利用各类渠道传播诈骗信息，诱导受害人下载小众聊天软件，要求其填写入职刷单申请，获取其信任后逐渐加大刷单金额及数量，鼓励其在诈骗 APP 中购买虚假产品，最终以各种理由拒绝返还本金收益。互联网行业内部已经意识到移动终端是重要的经济增长点，目前已有的苹果 iOS 和 Android 移动智能终端正加速普及，无论是封闭模式还是开放开源模式，二者管理之下的信息网络安全隐患都无法排除。因此应当从硬件层、系统软件层及应用软件层三个层级防御恶意程序对信息安全的威胁，与此同时，我国的应用程序审查与审核力度也应当匹配到位，从信息传输的各个环节给予数据信息更完备的流通保障。

移动互联网的飞速发展给网络安全监管带来了新挑战。对于网络安全监管而言，新的挑战一方面是监管内容多元化，责任主体多元化。海量、多媒体的内容，使内容的表现形式多元变化。智能终端预装软件、应用商店、移动终端的开发者、使用者、内容传播者都可能成为责任主体。如果内容上传地点或责任主体涉外，脱离我国属地管辖，那么网络安全监管更加困难。网络安全监管的第二方面新挑战是责任主体证明成本提高。随着 4G、5G、Wi-Fi 等多种接入方式，以及 IP4 与 IP6 双协议共存的情况下，用户溯源身份确认程序复杂，难度增大。网络安全监管的第三方面新挑战是以微信为代表的社交媒体兴起，使信息传播聚合能力增强，加密技术普及和传播方式隐匿增加了监管的难度。

移动互联网的飞速发展同样给企业信息安全带来新的挑战。移动互联网时代，促使企业加快应用移动化、协同化、云端化的脚步，间歇性移动办公已成为办公的新常态。移动办公对企业的设备、系统等安全稳定提出的更高要求。在办公和生活界限模糊的网络环境中，兼顾与平衡企业信息安全和员工个人隐私成为新挑战。

移动互联网的飞速发展给用户个人信息保护也带来新的挑战。用户在享受便捷，有时甚至是免费的互联网服务的同时，其通讯录、照片、地点、日程、即时通讯内容、支付信息、消费习惯等有价值的信息都被记录下来，存在被"有心之人"规模化利用的风险。这些信息即使是被用户本人授权使用的，或者已经脱敏处理过，如果足以影响用户切身利益或者经济秩序等，都应当被禁止。

第二节　互联网渗透到社会的方方面面

互联网已经渗透到人们生活的方方面面。它不仅直接改变了人们的生活方式与社交方式，如电商环境下人们可以足不出户就能获得心仪的产品，移动支付已经逐渐取代了传统的纸币支付与刷卡支付等；它还间接改变了人们的思维方式，如当前出现的各种"互联网+"产业现象，等等。互联网不仅仅是一种社交媒介，已经自生成为一种网络社会体系。在互联网构筑的虚拟空间中，人们自发形成了一个独立的社会结构，并把现实空间中的社会关系网延伸到网络空间，而网络空间的社会关系网又不仅仅是现实空间的简单复制与迁移，而是产生新的衍变性与创造性产物。

一、互联网渗透到人们的日常生活

从互联网产生及发展的历程来看，互联网最初是冷战时期一个为美国政府提供军事与科研服务的网站，该网站建立在 APARANET（阿帕网）通信协议之上。随着网络协议的进一步完善与发展，全球更多的科研机构、政府部门、公司、个人等均联入了该网络，进而形成了全球性的网络。在互联的过程中，人类架构起一座由网络协议联通的桥梁，并逐步形成了一个供人类交流沟通的平台。随后，互联网技术开始运用到更多的行业与领域，人们不仅需要运用互联网来工作，还需要依赖互联网来生活。在互联网技术支持下的视频电话、视频会议等缩短了跨国公司的交流距离，电商的全方位发展，让人们足不出户就能购买到全球的优质产品与服务，除了网络平台的支持之外，电商贸易的顺利进行还离不开网络金融技术的支持,而伴随着金融电子化的趋势,网络交易、移动支付等多种电子贸易手段已经开始占领人们的日常生活。从前人们携带一张银行卡就能满足其购物、交易的支付需求,而现在只需要携带一部智能手机。而智能手机不仅能满足人们实时交流的社会交往需求,还能满足支付需求。这些现象的出现无一不是建立在互联网技术发展与创新的基础之上。英国理论家斯塔福德·比尔在管理学著作《设计自由》一书开篇写道,他在海边的小村庄独自度过了几周宁静的时光,目的是逃离现代社会制式化的生活。① 如今,人类的生活构建在科技发展的前端,城市的一切活动似乎都建立在互联网基础之上,这又何尝不是制式化现代生活的升级版本。我们可以看到,一个居住在北京通州区的普通白领,工作日早上6点到6点半之间被手机智能睡眠软件设置的闹钟叫醒,来不及完全睁开眼睛,就已经用手机预约了出租车。来到金融街,与其他普通上班族一样成群结队地涌入写字楼。写字楼外,外卖小哥已经络绎不绝地将上班族预定的早午餐送到了写字楼下;写字楼内,上班族们办公软件信息提示音此起彼伏,远程会议持续进行。夜晚降临,下班的白领不再通过三五成群聚餐社交,而是一边在环线上经历堵车,一边在手机网络游戏中打发时间。抽出空隙还要再去淘宝订单里瞧一瞧前一晚熬夜观看直播秒杀的战利品是否发货,转而在购物推荐中萌生了对非必需品的购买欲望,这预示着这一晚又要在带货主播的吆喝声中入眠。睡前间歇性在不同社交平台安置指点江山和悲春伤秋两种人格。不仅仅是城市的上班族,在乡村,在未成年人和中老年人群体中,线上教育、远程诊疗等互联网行为正在深刻地改变着人们的生活。难以想象,如果没有了互联网,现代人的日常生活何以为继。互联网改变人类生活方式的现实,早在鲍尔格曼的技术哲学观点产生时就已经预见。鲍尔格曼认为,技术已经成为一种生活方式,同时也是一种文化力,技术的文化力特征会越来越重要,现代技术一旦产生,就会渗透到人类生活

---

① 参见[英]斯塔福德·比尔:《设计自由》,李文哲译,南京大学出版社 2020 年版,第 3 页。

的各个方面。① 这种渗透首先表现在技术的交往功能上,技术决定了交往的质量,技术的地位将得到空前的提高,甚至凌驾于交往之上;其次是政治功能弱化,人们对于政治事务变得冷漠;最后是技术更加迎合大众的消费欲望,促进人类消费方式的变化,这一点在网络直播带货产业的兴起中也得到了印证。

二、互联网开辟了新的社会空间

因互联网技术发展而出现的网络空间为人们开辟了一个现实空间以外的社会空间。在本质上,网络空间是一种由计算机技术支撑、建立在现实基础上的虚拟存在。受到狭窄意义上物的定义的影响,人们往往认为客观的物应当是能被人掌控,并为人所利用的实体,因而网络空间只是虚无缥缈之物,因为其虚拟且无形。网络空间的虚拟性表现在人们一旦踏入其间,就能借由网络代码而感知类似于现实中存在之物。网络空间缩短了人们之间的距离,给人以随时随地均能联系他人之感知,并使人们产生一种身临另一个与现实世界平行时空之错觉。然而,撇开人们自身的互联感受,真正让网络空间得以展现其存在的是计算机技术,包括各种硬件设施的联通、软件系统的运行。硬件设施(如光缆、计算机显示屏以及其他的通信设施)需要依靠技术制造方能为网络数据传输提供物质支持,网络协议则须由程序人员编制并辅以技术支撑才能得以运行。无论是物理层面还是规范层面的网络空间,都离不开现代技术的支持。在网络空间中,如脸书、微博等这样的网络社交平台或曰虚拟网络社区是最能体现网络空间是一种虚拟存在的。人们在虚拟社区利用计算机仿真技术不仅可以模拟现实生活中的场景(如网络家庭组建、网络婚姻缔结),还可以创造出现实生活中难以实现的情境(如构建网络武侠世界等)。尽管在网络空间中所营造的种种场景与情境具有无形性与虚拟性,但不能否认的是

---

① 参见于骐鸣:《后现代网络技术哲学思想研究》,华中科技大学出版社 2019 年版,第43 页。

这是一种虚拟的"存在"。因为建立在硬件与软件设施基础之上的网络空间是支撑这种虚拟存在的基本载体,而虚拟社区中人们的行为又通过网络空间技术得以展现,被人们所感知并认同,从而使人们产生一种类似于现实生活的真实感受。我们之所以不说自己生活在电话世界、邮政世界,是因为我们对电话、邮政等传统通信之依赖并不足以使我们感受到自己已经处于与现实世界完全不同的世界,或者说这些通信形式还不足以影响我们对存在空间的判断。可以说,正是建立在强大的现代计算机技术基础之上,网络空间才能够对整个人类社会产生如此深刻的影响。从反面也说明,网络空间之存在离不开现代计算机技术的支持,离不开现实存在之物的保障。

三、互联网改变了传统的社会关系形态

网络空间因人类的需求而出现,但反过来也改变了传统的社会关系形态。传统的社会关系建立在人们的交往基础之上,但这种人际交往受到时间与空间的限制,人们的交往范围与交流信息传播的速度均受到各种地域因素、时间因素的影响。随着计算机的普及,人们的交往已经打破了时空的限制,信息的传播速度与传播范围已经远超传统时代。可以说,人们已经将生活中心逐渐转移到了互联网技术创造的"网络空间",相应地"网络空间"也逐步演变成了人们日常生活中比较常见的一个概念,从而被赋予了功能性的特征。可以说,网络空间为人们各种社会关系的存续提供了多元社会空间支撑。网络空间在本质上属于抽象空间,是多个社会空间的融合体。法国哲学家亨利·列伏斐尔将空间划分为现实空间与抽象空间两种类型,前者是一种实在空间,我们既能够控制、调节、改造,但在一定限度之外,我们无法控制、决定、改造。[①] 而后者则是一种描述性的存在,它不仅可以提供现实空间中的存在,还可以提供现实空间中不可能实现的理想化的存在。社会空间属于抽象空间,是一种由于

---

① 参见童强:《空间哲学》,北京大学出版社 2011 年版,第 20 页。

人的存在而得以形成的空间。① 我们所处的社会空间并不是唯一的,而是多元空间的重叠。它们相互介入、组合、重叠,有时甚至还会相互抵触。② 依据列伏斐尔的分类,网络空间显然也是一种抽象空间,是由多个社会空间组合而成的虚拟空间。在网络空间中,人与人之间通过计算机网络进行交流所形成的各种社会关系成为决定空间特征最重要的因素。从根源上来说,网络空间就是多个社会关系网交织而形成的社会空间,但与现实世界中的社会空间不同的是,这种社会关系网通过计算机技术承载与传播而呈现出准入任意性、匿名性、增广性、去中心化等特征。

在哲学意义上,网络空间是一种起源于现代计算机技术,由人类创造、被人类利用、由人类社会关系决定,但给人类社会秩序调整机制带来挑战的虚拟存在。从工具意义上来说,网络空间既是人们行为目的得以实现的手段与工具,又是人们行为目的得以展现的平台。它不仅提供给人们便捷交流沟通之媒介平台,还为人们提供了实现现实空间不可能存在的理想化世界的机会,展现出一种不同于现实空间的社会秩序范畴;从时空存在意义上来看,网络空间并不是简单的现实空间的延伸,也不是完全独立于现实空间的独立空间,而是一种由多个社会空间融合而成的抽象空间。从目的意义上来看,网络空间建立在现实空间的基础之上,是人们为了扩展其自由与权利得以产生之物。但与此同时,因网络空间而出现的新的社会关系网络使得已存的现实世界社会关系结构平衡被打破,因而对现实世界已存的社会秩序产生重大的影响。

第三节　互联网思想与价值取向

纵观人类思想史上的一些影响深远的事件,大多不是毫无征兆的孤立事

---

① 参见童强:《空间哲学》,北京大学出版社 2011 年版,第 25 页。

② Cf.Henri Lefebvre,translated by Donald Nicholson-Smith,*The Production of Space*,published by Blackwell Publishing,2007,p.86.

件,也不仅仅存在于某个人的思想中。它们总是发生在与前人和当代人的对话之中,发生在具体的社会环境之中。而任何思想史上重大事件的影响同样绝不仅仅停留在哲学的玄思之上,历史事件中的"思维碰撞"总会逐渐发展成为一系列的"思想体系"。互联网思想也是如此,最初它只是一种信息传递的技术,但是与种种社会、政治、文化因素的结合,使之产生了质的变化。从工具、到媒介、到平台,最后到社会,互联网开启了这个时代关于技术、经济、社会、人性乃至对未来的想象。互联网对整个社会的影响之深刻、范围之广泛远超预想,最终发展并形成了一种互联网思想体系。

一、互联网思想的共性

如果没有文艺复兴的熏陶、启蒙运动的解放,很难想象近代科学的诞生、政治与社会制度上的剧变。工业革命重新塑造了世界格局,开启了殖民主义时代的全球化进程,而如果没有科学技术的进步,这也是不可想象的事情。科技革命改变了人们传统的思维方式,而互联网思想的出现也就成为一种必然。互联网思想受到信息传播者与信息接收者多方主体因素、环境因素等的影响,因而具有很大的异质性与多元性。在网络空间中,抱持各种观点的人都能通过互联网发表意见,交流思想,这些思想的表现形式、思想内容等都各不相同,但是互联网思想仍然存在一定的共性,而这些共性是让它能够拥有启蒙力量的源泉。

互联网思想的第一大共性是"自由"。互联网思想体系中的"自由"既是言论表达的自由,又是信息传播的自由。每一个人都有了发声的机会,每个人都有自由表达其思想的权利,而在互联网上他们总能找到与自己兴趣相投的听众,也总是会遇到观点不一的批评者。信息也是一样,人类第一次能够这么便捷地搜寻信息、获取知识、与人沟通,时间和空间的距离都被大大缩小。

互联网的思想第二大共性是"平等"。互联网使每个人的家庭背景、性别、年龄、肤色等都变得不那么重要，而人的才能和思想可以得到最大限度的彰显。互联网本身就是一个去中心化的权威结构，可以说每个人都有平等地获取信息和发表意见的权利。可以说，在互联网，只要你有知识就能成为受人尊敬的专家，有技术就能成为实力拔群的博主，有思想就能成为拥趸众多的意见领袖。

互联网思想体系内的"自由"和"平等"两大共性带来了鼓励创新与颠覆的精神。互联网的发展日新月异，它的发展就是熊彼特所说的不断的破坏性创新的过程。互联网不但在挑战与颠覆传统行业，在挑战与颠覆公共治理，更不断在挑战与颠覆其自身。因此，互联网行业倡导快速的试错与迭代，倡导快速学习、快速转型、不怕失败、永远追求创新。互联网思想鼓励个体创新，开放创新。这是第一点。自由和平等带来的第二点精神是给个人赋权的理念。互联网企业往往宣称自己能够改变世界，让人的生活变得更加美好。拥有技术实力，创业公司可以从几个人的核心团队迅速膨胀成估值上亿元的巨型企业，个体户可以靠电子商务做成商业巨贾。互联网给每个用户获取知识、获取信息的能力，更放大了个人行动所可能造成的影响。

然而，互联网思想的这些共性所带来的影响也不一定都是积极的。例如在自由方面，无限的自由并不一定是好事。例如，自由传播的信息可能是虚假的信息，可能是侵权的信息，可能有巨大的负面效果。所以，对互联网思想也不能一概而论。

二、互联网思想的特征

由以上分析可知，互联网思想的特征主要包括以下几点。

首先是多元性。在互联网上，多元的知识体系、价值观念并存，而且呈长尾分布。无论对什么偏门的领域感兴趣，有什么样的思想观念，在互联网上都容易找到志同道合的人，形成一个共同体。没有一种知识体系、价值观念能够消灭其他，一统江山，这种开放与包容正是互联网的魅力所在。

其次是共生性。互联网最直接的功用当然恰如其名,就是"互联"。互联网提高了一个高效的技术手段,把信息、组织和个人联系在一起。从此天涯若比邻,千古指掌间。这种联结构建的数据世界,正成为我们加深对人类理解、改进人类生活的重要资源。

最后是人文性。互联网看上去只是技术,实际上是一个社会,它联结的是有血有肉的人。尽管很多重复性的工作可以通过算法自动化地完成,但是人性不能被机器替代。互联网不是冷冰冰的机器,而应是解放人性、放大人性的机会。

可以说,互联网思想的价值观和特征,与其产生有着密切的关系。互联网有着理想主义的一面,也有着战略威力的一面,这可以看作是它的文化基因。这些都和互联网兴起与发展的历史分不开。

三、互联网的价值取向

"价值"本来是个哲学范畴内的概念,但也扩展应用在其他学科和领域之中。哲学上的"价值"概念从属于关系范畴,其基本内涵是指客体能够满足主体需要的效益关系,是表示客体的属性和功能与主体需要间的一种效用、效益或效应关系的哲学范畴。而伴随着价值概念在其他政治、经济、物理等不同学科领域的广泛应用,价值概念的内涵也在不断被扩展。但不变的是,价值的本性始终是"一种事物能够满足另一种事物的某种需要的属性"。就互联网价值而言,互联网的产生和发展能够满足人的需要,能够有助于实现人在社会交往中的某些积极、正面的目的,就会产生肯定性的评价,从而产生互联网价值。简言之,互联网价值就是"互联网能满足人类种种需要的属性"。

从互联网的产生机理来看,互联网作为人类实践活动的创造成果,其与人之间形成了主体与客体之间的关系,即创造与被创造的关系。互联网、网络、网络空间常常被人们称作现代计算机技术发展的产物,是人类的智慧创造物。

在哲学意义上,互联网是一种因人类需求而被解蔽之物。互联网满足了人类所需,包括物质需求与精神需求。互联网作为一种"解蔽之物",逐步演变成为人们日常生活中比较常见的一个概念,从而被赋予了功能性的特征。由此可见,无论是互联网的产生、因特网的互联以及网络空间的最终形成都离不开人类,可以说它们均是因人类的创造性活动而得以产生并展现,并在现代技术的支撑之下为人类提供服务,最终受控于人类。而互联网的价值本性也在于其满足人类需求这一层面。

从互联网的文本解释来看,互联网的价值表明互联网对满足人的需求起正面作用,因此互联网价值是指互联网从功能、属性方面对人类实践活动起正面和积极作用的那部分价值。相反,那些对人类实践活动其负面作用的不被认为是互联网应当保有和追求的价值。互联网价值目标是对人类实践活动具有积极推动作用的那部分属性,但却并不意味着互联网给人类带来的只有正面积极的作用,而是也会附加一些人类所意想不到的负面消极影响。正如海德格尔所说,人类想掌控技术的欲望成为技术的一切,但人类掌控技术的欲望越强,技术就越能威胁人类并脱离人类的掌控。[①] 这也意味着互联网价值目标的实现也伴随着对负面消极影响的消解与破除,同时也需要解决因人类过度的需求所引起的其他问题。

就互联网的价值判断角度而言,互联网价值判断虽然与事实判断所关注的重点不同,但是互联网价值判断与事实却有着千丝万缕的联系。随着互联网的发展,在人类社会既有的经济、文化、法治发展结构下,一定存在对互联网的价值共识,而这些最低限度的共识和准则就需要权威机构运用公允方式去固定和维护。

(一)互联网价值体系

正如上文所述,互联网价值体系的内容是对互联网的价值共识,其主要包

---

① Cf.Heidegger Martin, translated and with an introduction by William Lovitt, The Question Concerning Technology and other essays, Published by Harper&Row, Publishers.Inc.1977, pp.5-8.

括有序自由、安全稳定、创新开放、联通普惠、迅捷共享等方面的内容。

1. 安全稳定

20 世纪 80 年代，德国社会学家贝克（Ulrich Beck）提出"风险社会"概念，描述并解构人类社会从工业革命到风险社会的变异，与传统工业革命的陈旧思维的冲突不期而至，政治、经济等各种制度的合法性与合理性的反思风起云涌。① 在国际规范层面，2001 年 11 月，欧盟和美国、加拿大等国家共同签署《网络犯罪公约》（Cyber-crime Convention）是全球首部针对网络犯罪行为的国际公约。2003 年 1 月，《网络犯罪公约补充协定：关于通过计算机系统实施的种族主义和排外性行为的犯罪化》被作为《网络犯罪公约》的延伸和发展。欧盟起草的《关于攻击信息系统的理事会框架决议》一经通过便生效，其中决议要求成员国有义务在 2007 年 3 月 16 日前，将决议要求移植到本国法律。在国内立法层面，《中华人民共和国网络安全法》《中华人民共和国反恐怖主义法》《中华人民共和国刑法修正案（九）》关于恐怖主义犯罪的修改等都有体现。例如，我国《网络安全法》第七十六条的"网络安全"所保护的法益包括两个层面：一是网络稳定可靠运行的状态，因此，"防止对网络的攻击、侵入、干扰、破坏和非法使用"是保护网络安全动机和目的的有效路径；二是网络安全与数据安全的彼此依存的关系。② 互联网安全的保护对象应当包括建设、运营和服务提供商维护"网络稳定可靠的安全运行"和"维护网络数据的完整性、保密性和可用性"以及用户的维护网络安全义务。③

（1）互联网稳定可靠的运行状态

1998 年秋天，首次互联网大规模攻击事件在美国大爆发，造成全网 6 万

---

① 参见［德］乌尔里希·贝克：《风险社会》，何博闻译，译林出版社 2004 年版，第 52—57 页。

② 参见李源粒：《破坏计算机信息系统罪"网络化"转型中的规范结构透视》，《法学论坛》2019 年第 2 期。

③ 参见孙道萃：《网络刑法知识转型与立法回应》，《现代法学》2017 年第 1 期。

台计算机中的 10% 受到了波及。① 与计算机病毒并行的，还有蠕虫软件，其通过长期潜伏，不断自我复制以占用系统资源，最终导致系统运算能力下降。1997 年正式公布的我国现行《刑法》中，就有了"破坏计算机信息系统罪"，这是《刑法》最早为破坏计算机信息系统犯罪设立的一个独立的罪名，意在制裁的是篡改计算机信息系统中存储、处理或者传输的数据的犯罪，以保护计算机信息系统功能的完整、安全与可靠。2015 年 11 月 1 日起施行的《刑法修正案（九）》增设了"拒不履行信息网络安全管理义务罪""非法利用信息网络罪"和"帮助信息网络犯罪活动罪"。《刑法修正案（九）》施行以来，各级公检法机关依据修改后的《刑法》规定，严肃惩处相关网络犯罪。截至 2019 年 9 月，全国法院共审理相关网络犯罪案件 260 件，判决 473 人。其中，非法利用信息网络刑事案件 159 件、223 人，帮助信息网络犯罪活动刑事案件 98 件、247 人。②

（2）互联网安全与数据安全的关系

我国《网络安全法》第七十六条对"网络数据"的定义是：通过网络收集、存储、传输、处理和产生的各种电子数据。从技术角度出发，网络数据是通过计算机技术形成的、以二进制信息单元"0"和"1"表示的结构化或非结构化、保存于电子存储介质中的电磁记录。③ 互联网安全与数据安全有密切的关系。首先，数据成为信息的载体。个人数据和计算机资源的越权访问、身份越权窃取数据等都会造成互联网安全威胁。其次，海量数据引发规模质变。网络空间收集和存储的数据包括国家秘密、企业的商业秘密、公民的个人隐私等等，这些数据如果面临大规模泄露的风险，将会严重威胁国家安全、社会秩序、

---

① 参见［美］劳拉·德拉迪斯：《互联网治理全球博弈》，覃庆玲、陈慧慧等译，中国人民大学出版社 2017 年版，第 100—101 页。

② 参见周加海、喻海松：《〈关于办理非法利用信息网络、帮助信息网络犯罪活动等刑事案件适用法律若干问题的解释〉的理解与适用》，《人民司法（应用）》2019 年第 31 期。

③ 参见刘一帆、刘双阳、李川：《复合法益视野下网络数据的刑法保护问题研究》，《法律适用》2019 年第 21 期。

公共利益和公民身体财产安全。最后,数据挖掘产生经济利益。面对海量的互联网数据信息,尽管数据挖掘与大数据交易是技术中立的产业,如果涉及数额足够大,非法数据交易也将影响经济秩序。我国首例爬虫行为入罪案清晰展示了爬虫行为从不正当竞争的民事违法转化到使用了伪造 device_id 绕过服务器的身份校验,伪造 UA 及 IP 绕过服务器的访问频率限制等规避或突破计算机系统保护措施的手段获取数据,构成非法获取计算机信息系统罪刑事入罪的变化。①

2. 创新开放

为了实现解放和发展生产力的目的,首当其冲的是要解放和发展科学技术。解放和发展科学技术,首先,要求用权利形式固定和保护科学技术活动本身及其成果;其次,加强科学技术活动组织化、体系化,从而科学地展开对科学技术活动的支持和管理,促进科学技术活动的奖励机制制度化,实现管理制度创新,节约成本。

(1)互联网发展中的创新开放

计算机科学技术的发展及其成果是互联网创新发展的原动力。面对互联网科技创新的出现,政策法规应当给予扶持和鼓励。面对金融领域的代币创新发展,一味地遏制效果并不理想,应对其就像治理洪水一样不能堵只能疏。我国政府对金融创新目前采取的审慎态度难以改变,面对非法定货币,更不会允许贸然发行,所以政策清退过后,法律要立刻进行突破可能非常困难。②

科学地组织与管理互联网创新活动是互联网创新发展的重要保障。去中心化带来的大量分散、隐蔽的网络用户是很难被控制的对象,作为网络空间重要枢纽的网络平台,其第三方责任犯罪的治理成为重要命题。③ 互联网平台

---

① 参见北京市海淀区人民法院(2017)京 0108 刑初 2384 号刑事判决书。刘艳红:《网络爬虫行为的刑事规制研究——以侵犯公民个人信息犯罪为视角》2019 年第 11 期。
② 参见杨东:《Libra:数字货币型跨境支付清算模式与治理》,《东方法学》2019 年第 6 期。
③ 参见悦洋、魏东:《网络平台犯罪的政策调适与刑法应对》,《河南社会科学》2019 年第 5 期。

是互联网前沿科技发展与行业分工必要性催生出的行业,互联网平台的发展融合与侵权行为、犯罪行为不期而遇,面对大数据杀熟、算法歧视、隐私采集、假新闻等互联网生态伴生的乱象,如何顺应互联网中立、如何发挥企业在社会治理中的功能、如何杜绝以虚假平台掩盖犯罪事实等,都是科学组织与管理互联网创新活动中的重点难点问题。互联网平台拥有一定的控制能力,但这种控制能力又并非体现在详尽审查某项具体交易上,而是程序设计和"算法",与平台本质不符的监管规则无法解决问题,反而可能导致对互联网创新能力的压制。[1]

(2)互联网治理中的创新开放

互联网金融创新模式加剧了金融风险,调和互联网创新与打击互联网犯罪行为的矛盾是司法活动中的难题,为了解决互联网领域的案件的突出问题,我国互联网司法活动在近年来作出了一系列改革。这些改革包括设立互联网法院试点、健全司法智能化服务、构造互联网裁判规则等。

为了推进互联网专业化的审判,建立互联网专门法院,与我国传统的铁路法院、林业法院、海事法院等专门法院地位一致,提供专业化便民裁判思路一脉相承。2017 年 8 月,杭州互联网法院作为试点法院,成为我国最早设立的互联网法院。2018 年,北京互联网法院和广州互联网法院也紧随其后。设立互联网法院的初衷是用互联网方式审理涉互联网案件,主动适应互联网发展大趋势的一项重大制度创新。我国目前互联网法院为维护网络安全、化解涉网纠纷、保护人民群众权益、促进互联网和经济社会深度融合提供了有力的司法服务和保障,取得了良好的效果。[2]

全面推进智慧司法,促进信息化、智慧化技术应用于司法审判活动中,将

---

① 参见赵鹏:《论私人审查的界限——论网络交易平台对用户内容的行政责任》,《清华法学》2016 年第 6 期。

② 参见杜前、倪德锋、肖芃:《杭州互联网法院服务保障电子商务创新发展的实践》,《人民司法(应用)》2019 年第 25 期。

互联网技术作为工具,同时也重视互联网技术为司法程序和规则体系带来的新问题及如何解决这些新问题,实现"智审、智执、智服、智管",形成科技理性和司法理性的融合效应,促进审判体系和审判能力现代化。① 具体的互联网司法智能化应用包括立案风险主动拦截、案件繁简甄别分流、电子卷宗文字识别、语音识别转录、案件智能画像、庭审自动巡查、法条及类案精准推送、文书自动生成、文书瑕疵纠错、裁判风险偏离度预警。截至 2019 年 10 月 31 日,全国 3363 个法院建设电子卷宗随案生成系统,全国 67% 的案件随案生成电子卷宗并流转应用,部分地方法院已基本实现全流程无纸化办案。②

伴随着互联网科技的发展,我国互联网司法实践不断应对科技创新对传统法律构造提出的挑战,发展与创新互联网裁判规则,反思诉讼程序智能化路径,这是我国宝贵的互联网司法改革成果,是我国司法能力现代化的体现,是全球互联网治理中的中国智慧。

3. 联通普惠

互联网创建之初,匿名化的网络空间曾经一度成为人们逃离现实生活中身份、地位、性别、收入等标签的"世外桃源",动机和目的是对平权的天然心理需求。随着互联网对社会经济、政治、文化生活的渗透,目前世界各国都明确了互联网并非法外之地的治理理念,互联网匿名化和去中心化的特征逐渐被削弱。但是现如今,当我们在互联网社交媒体抒发情绪的时候,无论是否匿名,内心还是保留着一份传统的期待:渴望在虚拟空间得到一份不想被现实打扰的个人宁静和世界连结。然而人毕竟不能终日沉溺在互联网中的自我呈现和世界联通中,更不能侵害他人的权益,一旦这种侵害行为触及了国家安全、社会秩序、公共利益、他人人身财产安全等,任何领域都不是主权国家和国际

---

① 参见周强:《全面落实司法责任制切实提升审判质效和司法公信力》,《人民司法(应用)》2019 年第 19 期。

② 参见最高人民法院:《中国法院的互联网司法白皮书》,人民法院出版社 2019 年版,第 22—27 页。

组织的法外空间。

以互联网为代表的信息技术革命推动大数据、云计算、人工智能、物联网等新兴技术与实体经济进行深度融合，促进数字产业蓬勃发展，人类进入以数字化、网络化、智能化为特征的大数据时代，数字社会的雏形逐渐显现。[1] 通过网络的互联互通、无缝衔接，人们的一言一行、一举一动、每时每刻都被以电子数据的形式记录、收集和存储起来。无论是"自然人"还是"社会人"或者"经济人"，在数字经济和数字社会的浪潮中都已经变成"数字人"。[2]

计算机科学的长远发展不仅要讲求实用功能，还要求科技发展的正能量输出，也有学者称之为科技乐观主义理念，总而言之，要达到工具理性与价值理性的矛盾统一。互联网金融科技领域尤其强调绿色、开放和普惠。在互联网普惠金融领域，面向特殊群体提供无障碍金融服务，完善我国微小企业、农民、城镇低收入人群、贫困人群、残疾人、老年人等互联网困难群体的信息稀缺制度。[3]

4. 迅捷共享

1996 年 5 月，中国历史上第一家"网吧""威盖特"在上海出现，网吧当时叫电脑室，上网价格达 40 元/小时，当时全国的平均工资大约是每月 500 元，猪肉大约是 3 元一斤。价格决定网速，网速创造价值。经历了 2G、3G、4G、5G时代的变迁，随着无线宽带的普及、网速的提升和资费的下降、我国互联网营业场所管理政策出台以及手机使用的普及等种种因素，网吧的地位已经今非昔比。数字化、信息化变革对经济、政治、文化的巨大影响，互联网史无前例的迅捷程度正在进行着对无人驾驶、远程医疗、智慧城市的催熟。

互联网的共享价值、共享文化一直以来都是互联网转载行为对抗版权等

---

① 参见刘一帆、刘双阳、李川：《复合法益视野下网络数据的刑法保护问题研究》，《法律适用》2019 年第 21 期。

② 参见张新宝：《我国个人信息保护法立法主要矛盾研讨》，《吉林大学社会科学学报》2018 年第 5 期。

③ 参见张双梅：《中国互联网金融立法与科技乐观主义》，《政法论坛》2018 年第 4 期。

数字权利的"免责事由"。互联网免费的午餐与互联网共享文化不同。以我国数字音乐付费制度推行艰难为例,表面上表现为著作权人和网络服务提供者因各自商业模式的不同而在许可模式构建上的理念冲突,但根本原因依然是网络付费意识当前在我国社会公众中依然尚未普及,普通网络用户还不适应为其所享受到的网络服务"埋单",从而导致网络服务提供者难以通过直接转嫁版税成本的方式实现自身商业模式的正常运作,而被迫选择一种"烧钱"模式。①

四、互联网价值的冲突与整合

(一)互联网价值目标的冲突

互联网价值目标之间存在着冲突,而且这种冲突也会直接影响互联网生态的治理。从治理手段与治理模式来看,互联网生态治理不仅面临着"法律与代码、技术以及网络架构"规制方式的竞合,还面临着"国际法与国内法""制定法与判例法""公法与私法""实体法与程序法"等多种法律规制方式的竞合与不同立法价值之间的博弈。再详细分析,也不难发现,创新开放、联通普惠、迅捷共享等价值目标在互联网生态环境中的推广与实现也会附带一些新型的社会纠纷与社会矛盾。共享经济的出现是一种经济模式的创新,它不仅实现了资源共享、信息开放,还提升了经济效率。但是一旦发生社会纠纷所带来的社会影响也更加广泛。例如,我国近几年出现的"共享单车"经济在经过几轮激烈的竞争之后,很多公司因资金周转不灵等问题而被迫破产,而很多消费者也因此至今都未收回他们交出去的单车押金。尽管每一笔单车押金数目并不大,但是受害者的群体所在地分散且数量众多。如果他们都将共享单车公司诉诸法院,则各方都会面临相对高额的诉讼成本。这意味着要解决互联网价值体系内的冲突,应当纵观全局、综合考虑,而不是采取打补丁的方式,

---

① 参见佟雪娜、谢引风:《数字在线音乐付费服务模式探讨》,《科技与出版》2014年第12期。

哪漏补哪,要对问题有预判,全面考量解决问题。

(二)互联网价值目标的整合

尽管互联网价值目标之间存在冲突,但是各个目标之间也存在着整合的可能性。在本质上,安全稳定、创新开放、联通普惠以及迅捷共享这几大目标之间并不是完全分离,它们的实现在某种程度上是相辅相成的。一方面,互联网所带来的种种价值共同塑造着我们所赖以生存的社会环境,安全稳定、创新开放、联通普惠以及迅捷共享已经成为互联网生态环境所不断追求的价值目标;另一方面,互联网各个价值目标也不是彼此分离、各自为政的状态,而是处于互相影响、有时甚至是互相牵制的状况之中。例如,互联网共享经济模式异军突起,Airbnb 和 Uber 此种以"共享"作为其经营理念的互联网共享平台公司,共享经济对于推动创先发展与普惠联通等目标的实现起重要作用。① 再如,跨国公司之间的小额清偿程序对于提高跨国债务清偿效率,实现互联网信息共享具有重要的影响。也正因如此,共享经济信息有利于解决在信息不对称的传统视角下的不正当竞争和垄断行为,保障公平交易,防止资本扩张影响国内与国际市场安全稳定。互联网价值目标的积极实现与不断完善,不仅为互联网生态主体之间的交流沟通创造了更为便利的条件,也不断改善着整个互联网生态的环境,从而达到一种良性发展的状态。从互联网生态的演变历程来看,互联网价值目标的内涵也是不断发展并趋于完善的。互联网生态社会的平衡发展与整个互联网价值目标的实现共同形成了一个相辅相成的关系网络。

第四节 互联网生态的出现

互联网生态是伴随着网络空间与网络社会的诞生而形成的。与此同时,

---

① 参见江海洋:《论共享经济时代使用盗窃之可罚性》,《财经法学》2019 年第 6 期。

互联网生态的进化不仅离不开网络技术的发展推动,也离不开信息主体对互联网生态环境的需求。互联网正在以其高度的社会嵌入性,从一种媒介形态变为一种解构和重构社会的新力量。互联网使信息从稀缺到泛滥,使舆论从单一到多元,已经成为当前社会发展的"最大变量"①。可见,互联网生态已然成为一种新型的社会生态。又由于社会生态最终仍然受到其所处的社会环境因素的影响,每个国家的互联网生态也会呈现出不同的特征。随着互联网技术的不断发展,互联网已经不仅仅是一种概念,而是融入人们生活中的方方面面。因互联网技术的创新发展与社会发展之间的关系十分密切,互联网自生而成的一种新型的社会关系形态逐渐发生演变并逐渐完善。在借鉴自然生态学与媒介生态学等理论与概念的基础之上,学者们对这种新的社会关系形态进行了重新定义,并对整个理论体系进行了完善。

一、"互联网生态"概念的提出

从一般意义上来说,凡是能彼此通信的设备组成的网络就叫互联网(internet)。广义上的互联网对于连接的通信设备数量并无限制,意即两台通信设备连接在一起也能称为互联网。而狭义的互联网则仅指因特网(Internet),实质上就是将全球各个不同的网络通过 TCP/IP 协议进行连接而构成的网络。互联网在当下视为促进国际合作和沟通的桥梁,但它其实是冷战的产物。② 美国因在"空间竞赛"中略低一筹,而积极组建美国国防部高级研究计划局(Advanced Research Project Agency)。该组织的项目之一便是创建第一个先进的计算机网络,名曰"美国国防部高级研究计划局计算机网络"(ARPANET),就是我们现在所称的阿帕网。1969 年 10 月 29 日,在加州大学洛杉

---

① 参见杜智涛、张丹丹:《互联网内容生态:嬗变、反思与重构》,《青年记者》2018 年第6 期。

② 参见[英]詹姆斯·柯兰(James Curran)等:《互联网的误读》,何道宽译,中国人民大学出版社 2015 年版,第 44—45 页。

矶分校和斯坦福研究院的两台主机之间实现了通信,从这个意义上讲,阿帕网诞生。从 20 世纪 60 年代到 90 年代,计算机网络得到了快速发展,但是这一期间并未有学者系统地从生态学的视角来研究网络。美国科学家立克里德于 1968 年在期刊《科学与技术》上发表了《作为通信手段的计算机》一文。在文章中,他预言,"对于在线个人来说,生活将比过去幸福,因为他们对强烈互动的伙伴的选择将更多地基于兴趣与目标的共同点,而非邻近性事件;通信将更为有效,更具产能性,因此也更令人愉悦;更多的交流与互动将通过程序与编程模式进行,这将对个人的能力形成补充,人们将有大量的机会进行探索,整个信息世界都对他们开放"①。文中描绘了互联网生态的雏形,由此他也被称为关注互联网生态的第一人。

互联网作为一种新技术、新媒介对社会生态产生深刻影响,它以网络为组织形态,不仅丰富了信息呈现、生产与传播方式,还为个人与群体连接、沟通提供开放、共享的新路径;与此同时,网络化逻辑的扩散实质性地改变了原本社会生态中生产、经验、权力和文化形成的过程与导致的结果,在这一环境中孕育的互联网生态充分反映了互联网整合、重塑社会的过程。1866 年,德国生物学家恩斯特·海克尔(Ernst Haeckel)首次提出"生态"的概念,认为生态学是研究生物体与其周围环境相互关系的学科。美国学者阿瑟·格蒂斯(Arthur Getis)等认为生态学的研究范围发生了扩张,即研究生物间相互影响以及生物与环境相互影响的学科称为生态学。② 随着生态学的不断发展,其概念、理论和研究方法逐渐被引入生物学之外的学科和领域之中,出现了与生态学相关的边缘学科和新兴学科。进入 20 世纪 40 年代,生态学开始了它的人文转向,逐步渗透到如传播学、信息管理学、社会学、政治学、经济学、法学、

---

① Cf.Licklider J.C.R., Robert W.Tayol. "The Computer as a Communications Device", *Science and Technology*, April 1968: pp.21-31.

② 参见[美]阿瑟·格蒂斯、朱迪丝·格蒂斯、杰尔姆·D.费尔曼:《地理学与生活(插图第 11 版)》,黄润华、韩慕康、孙颖译,北京联合出版公司 2018 年版,第 503—504 页。

伦理学等人文社会学科之中。之所以用生物学、生态学的理论来解释和解决社会科学的问题，并不是因为生命科学的神秘或生命体传承的神圣，而是因为生物学总是胜出，它有近似数学的必然，是所有复杂性归向的必然。① 随着信息技术的发展，互联网等新媒体快速崛起，带来新的社会变革，深刻地影响和改变着人类的生存模式，由此网络生态也开始进入研究者的视野。一般认为，互联网生态是依托社会发展持续运作的动态系统，其形成不是一蹴而就的，其边界也在不断发展中，呈现出开放性特点。互联网生态的演进伴随着互联网技术推陈出新、参与主体不断扩充的情况下，与社会形态紧密结合，经历了信息服务工具化、网民参与互动化、商业力量平台化的非线性发展，彼此相互影响，生成具有复杂系统特征的互联网生态格局。

二、"互联网生态"的发展与演变

20 世纪 90 年代初期，美国在全球范围内率先提出要建立适应时代发展的全国性信息网络——国家信息基础设施（National Information Infrastructure，简称 NII），该项目的通俗说法即为"信息高速公路"（Information Super Highway）。② 社会和经济的快速发展对信息资源的需求和依赖程度越来越高，信息技术在经济生产领域呈现的指数效应使得信息化在全球各个国家中达成共识，成为发展经济的共同选择，同时，信息化浪潮也加速推动了全球网络的建设及信息化发展。1991 年，美国互联网商业开发的禁令被解除了，互联网开启了商业用途，这使得互联网对整个社会经济发展的作用、地位发生了一个根本性的转折。互联网不仅限于军事、科研用途，开始逐渐渗透到经济生产和社会生活中，网络空间的范围逐步扩大，互联网的社会化应用愈加丰富。这标志着互联网生态进化的第一个阶段——信息服务工具助力网络生态基础设施建

---

① 参见［美］凯文·凯利：《失控：全人类的最终命运和结局》，张行舟等译，电子工业出版社 2016 年版，第 288 页。

② 参见张保明：《克林顿政府的"信息高速公路"计划》，《信息与电脑》1994 年第 1 期。

设阶段。随后，伴随着计算机技术的不断创新与发展，社会化媒体开始不断促进网络生态主体联动，使得网络生态主体之间的联系更为紧密；最终，互联网生态的主体因子、环境因子以及信息因子共同推动了互联网生态的形成。

（一）信息服务工具助力网络生态基础建设

随着互联网的普及，网络信息的发展呈现出两个基本趋势：规模的爆炸性增长以及覆盖领域的不断扩大。1994 年 4 月，马克·安德利森和吉姆·克拉克在山景城创办了 Mosaic 通信公司，就是后来的网景通信公司。从 1994 年 10 月起，Mosaic 的浏览器可供用户下载，到 1995 年，90% 的万维网用户都在使用网景公司的导航者（Navigator）浏览网页。同一年，杨致远和大卫·费罗（David Filo）在斯坦福大学读书期间，创建了一个名为 Jerry's Guide to the World Wide Web 的网站，旨在满足成千上万、刚刚开始使用网络社区的用户需求。后来网站更名为"Yahoo!"，开创了向用户免费提供内容，通过广告收费的门户模式。同为斯坦福大学的博士生，谢尔盖·布林和拉里·佩奇在 1996 年创立了谷歌，专注做搜索引擎运行的算法，2000 年研发出了 Ad words，允许公司购买搜索词相关广告，由此产生了巨大的商业价值，也造就了谷歌后来成为世界级互联网巨头。

互联网在全球范围内的迅速发展，使得政府相关部门、业界及学界中越来越多的人开始关注"网络生态"问题。1998 年，美国商务部发表的一份研究报告《浮现中的数字经济》，报告中提出了"互联网生态"（Internet Ecology）的概念。2002 年，美国 IEEE 会议又首次提出了"网络生态系统"（Cyber Ecosystem）的概念。从浏览器的出现，到新闻、门户网站的兴起，再到搜索引擎的广泛应用，互联网成为信息的集散地和交换中心，为信息资源的整合、传播、呈现及接收提供了各种可实现的工具。网络信息在发展演变过程中逐渐构建了网络生态的基础，成为网络生态系统中最活跃的要素，其规模、质量、传播效率等较大程度影响了生态系统的动态平衡与持续发展。

（二）社会化媒体促进网络生态主体联动

数字化、超文本以及多媒体技术为网络环境下信息传播提供新的技术支持和实现工具。技术的更迭推动互联网的持续发展，作为一种新媒介，互联网特有的交互性改变了过去大众媒体面向公众的单向传播机制，以互动为基础，允许个人或组织进行内容生产的创造和交换，依附并能够建立、扩大和巩固关系网络。

网络上的互动型媒体诞生标志应该是 1971 年 ARPA 研究人员发出第一条 E-mail。1997 年美国在线即时通信软件 AIM 出现，此后，Bruce 和 Susan Abelson 于 1998 年创建了 Open Diary，该网站连接了撰写网络日志的用户，"博客"的概念出现，互联网用户可以在虚拟空间中发布文章，这也接近现在的社会化媒体的概念。2002 年 Friendster 让用户创建自己的账户和朋友联络，这个社交网络是同类网站中首个注册量突破百万的社交网络。2003 年 Myspace 网络平台正式成立，该网站是一个基于 WordPress 账户开源、自由分享的内容管理系统，其成立之后一个月的用户注册量已经突破了百万。2004 年 Facebook 成立，而 Flickr 作为一个基于浏览器的独立的照片分享应用网站也出现了。2005 年，YouTube 作为一个全新分享平台出现，用户能自由上传视频。2006 年，Twitter 140 字节内容发布的规定改变了人们的交流、分享方式，人们通过网络表达自己的意见和他人交流更加快捷方便，而 Spotify 的音乐流媒体工具则允许用户分享自己的音乐列表与其他用户互动。与此同时，我国社会化媒体逐步从强调匿名交流到引入现实人际关系，发展个人社会网络的过程，见证这一变化的媒介载体也经历网民由网络论坛向博客、微博的迁徙。网民一方面作为信息的生产者，通过积极利用社会化媒体进行自我情绪与观点的表达，另一方面则承担了与他人的交流中不断建构网络生态环境的功能。

（三）互联网平台推动互联网生态空间形成

新一代移动互联网技术的发展，让信息交互可以实现精准的即时匹配，新媒介形态的出现，将个体思想从无产出价值的单向消费行为中解放出来，改变了企业组织架构,从传统科层制组织向平台型组织转型,以平台的形式,提供信息内容、支付结算、信用评价、技术手段等一系列基础设施服务,支持数百万微小企业以及内容创业者。其中,相关组织、用户、信息主要围绕网络交易平台和内容分发平台不断集聚生态化现象,互联网平台逐渐成为网络生态的主要组织形式。

电子商务从过去买卖双方之间交易的简单电子化,发展到各相关行业用户需求进行重新整合,通过电子商务平台聚集成新的产业环境,在更为广泛的范围内进行资源的优化配置。1995 年 9 月,ebay 在美国成立,买卖双方围绕互联网社区平台,通过定价及拍卖等形式实现交易的在线化,其网络应用分布在全球 20 余个国家及地区。近年来更是聚合了全球过亿活跃用户,仅 2018年便产生 945.8 亿美元的交易总额。① 1999 年,阿里巴巴集团创立,拉开了中国电子商务走向世界的帷幕。从淘宝网到支付宝,从天猫商城到菜鸟网络,阿里巴巴基于电商平台,从技术支持、资本运作、市场运营等多方面提高了交易效率。从 2014 年至今,阿里巴巴陆续完成了对 UC 浏览器、高德地图、优酷土豆等不同领域的投资收购,成立了蚂蚁金融服务、阿里音乐、体育、影业集团等新的组织机构,以电子商务为入口,整合金融、文娱、社交、出行等更为广泛的资源,汇聚流量,逐渐成长为新的网络生态结构。

人工智能、大数据、云计算、3D 打印等信息技术的创新发展驱动网络生态的新一轮演变。企业的边界越来越模糊,平台整合用户与信息资源,不同平台之间通过用户和信息资源得到充分的连接与交互,在不断发展的技术创新中,促进多方共同参与,搭建网络生态运行基础。随着互联网对现实经济生产与社会生活的逐步渗透,网络空间与现实社会融合成新的网络社会。回溯网络生态的构建过程,呈现出以信息内容为基础要素、网民为参与主体、商业平台为组织结构的特点,并以信息互动为传播模式,基于搜索引擎、社会化媒体、电

---

① 中泰证券:《美国电商巨头 eBay(EBAY. US)的兴衰之路》,智通财经,https://www.zhi-tongcaijing.com/content/detail/201372. html,查询日期:2022 年 5 月 5 日。

子商务、即时通信领域继续搭建大环境中的"小生态"圈层。但各方参与主体在发展过程中就流量、资本、话语权的争夺不断碰撞,这直接导致网络生态发展失衡,系统健康运行面临严峻挑战。因此,当前学界和业界更多从网络安全的视角去建构网络生态系统。

三、互联网生态与人类社会生态共生互动

"互联网生态"概念正是在人、信息与环境等因子的不断互动作用之下才得以发展与演变的。互联网生态是伴随网络空间、网络社会而兴起的概念,互联网研究者将生态学(Ecology)的基本理念引入,将互联网生态看作人以及人类社会的生态的反映。从社会职能的角度看,互联网生态系统属于人文生态系统的一个部类。[①] 从社会系统的角度来看,互联网生态就是有关网络自身与人及其周围环境相互关系,即涉及网络(信息)—人—环境之间的相互影响和相互作用,进而在这个基础上推导出整个生态系统的生成演变和发展。[②] 从系统动力学角度来看,网络社会在一定的驱动力因子相互影响与相互作用下,鼓励、引导网络社会行为生态化,并以一种持续均衡的方式为网络社会生态系统提供快速、健康、稳定发展所需的能量。[③]

"信息论"主张者认为,人们为了传递、存储和利用信息,不仅需要各种文字符号,而且利用除了语言外的其他各种信号。而互联网为这些信息的传递创造了更为便利的条件。"控制论"者则强调的是互联网生态系统在外界环境作用下所作的反应,是环境对互联网系统的影响作用。作为互联网生态系统的主体,网民们为了满足其交流与沟通等需求而需要获得并使用各种信息,并以这种信息为基础而选出更加有利于该对象的作用。互联网生态系统在以

---

① 参见李蓉:《传播学视野中的网络生态研究》,《西南交通大学学报(社会科学版)》2010年第4期。

② 参见徐国虎、许芳:《网络生态平衡理论探讨》,《情报理论与实践》2006年第2期。

③ 参见关晓兰:《网络社会生态系统形成机理研究》,北京交通大学2011年博士学位论文,第145—147页。

上各个因子的相互作用、相互影响并不断演变的基础之上变得更为符合人类社会发展需要。例如，党的十九大报告提出了"加强互联网内容建设，建立网络综合治理体系，营造清朗的网络空间"的重要议题。之所以要建立综合治理体系，是因为互联网内容已经从简单的信息消费拓展到内容生产、传播、消费、服务、运营等多个维度，形成了互联网内容生态系统。互联网内容生态系统的构成要素包括内容生产者、内容平台以及内容本身等，这些要素不断嬗变、演进并相互作用，使互联网内容生态呈现出多元、繁荣而又充满变异、矛盾甚至危机的图景。当前必须要对互联网内容生态进行宏观尺度的反思，着眼于社会秩序与时代发展这一背景，对其进行重构。这说明互联网内容生态系统在满足人类不断变化的需求的同时也开始不断自我完善与自我演变。

第五节　互联网生态及相关概念

广义上，互联网生态是一个兼具自然属性和社会属性的生态系统。有学者指出：互联网生态与自然生态类似，是在网络技术与其应用服务所构建的开放网络环境中，代表着生物成分的主体（如人与组织）与代表着非生物成分的资源（如信息）之间相互作用、竞争合作、动态发展、共同演化的开放系统。[①]北京师范大学喻国明教授则认为，互联网对社会而言是一种类似于计算机"操作系统"般的基础架构存在：它可以创建新的价值、新的力量和新的社会结构，并由此带来了一系列社会规则和运作方式的深刻改变。[②]可以发现，一个明显的变化在于，广义的互联网生态研究视角将人视为互联网生态的主体，更加关注网络对人类社会的影响和互动关系。

现有对互联网生态的定义，其基本方法是将生态学理论应用到网络领域，

---

① 参见杜智涛、张丹丹：《技术赋能与权力相变：网络政治生态的演进》，《北京航空航天大学学报（社会科学版）》2018 年第 1 期。
② 参见喻国明：《认识互联网生态的复杂性逻辑》，《新闻战线》2017 年第 12 期（上）。

然而网络社会本身牵涉广泛,内容庞杂,因而直接研究互联网生态系统是困难的,尤其是对于指导实际工作具有相当的局限性。为适应研究需要,部分学者倾向于将研究视野聚焦在互联网生态的某一个方面,例如互联网政治生态、互联网舆论生态、互联网媒介生态、互联网文化生态等①,截取互联网生态中的某个片段加以研究,使研究更具针对性和实用性,具有一定的启发性。

但是,现有互联网生态的研究仍然存在两个方面的突出问题。一方面,现有互联网生态研究主要是生态学和互联网的简单叠加,未探索出互联网生态自身独特的运行机理。互联网是一个庞杂的信息系统,是信息技术和人的共同作用的结果,其运行机理既不同于自然生态,也与社会生态系统有本质区别。因此,对互联网生态系统的研究需要抓住互联网生态系统本身的运行机理展开。另一方面,现有互联网生态研究未能将互联网生态的内容和主体有效统一起来。互联网政治生态和互联网文化生态本身表意模糊,网络政治和网络文化是社会政治和社会文化的一部分,视其为生态系统加以研究难以确定边界;互联网舆论生态聚焦舆论的产生和发展过程,然而舆论的形成并非互联网一己之功,往往是传统媒体和互联网共同作用的结果,且网络舆论只是互联网生态内容的主流部分,因此单纯研究互联网舆论生态对互联网生态治理而言显得不够全面;互联网媒介生态从媒介视角研究互联网,事实上互联网是早已超越了媒介形态的社会存在,是一个完全的社会形态,因此互联网媒介生态研究并不能从根本上解决网络乱象的问题。

基于此,本书所提出的“互联网生态”是一个以信息为核心要素,并围绕信息的生产、传输和扩散发展而形成的信息生态链概念。我们认为,互联网生态可以定义为:以信息为核心,以信息的生产和流通为基本过程,由具备内生特质的网络信息与其所处外部环境互动所构成的系统。互联网生态包含在不

---

① 其中,研究互联网政治生态、互联网文化生态的学者与论著比较多。例如,朱景锋:《互联网政治生态系统构成及其互动机制》,《通讯世界》2015 年第 9 期;周庆山、骆杨:《互联网媒介生态的跨文化冲突与伦理规范》,《现代传播(中国传媒大学学报)》2010 年第 5 期;等等。

同类别信息的基础上形成的互联网舆论生态、互联网政治生态、互联网文化生态、互联网媒介生态等细分领域,不同领域有差别又相互渗透与互动,共同形成了互联网生态的整体面貌。

一、互联网生态与自然生态

从互联网生态理论的演化进程可知,互联网生态与自然生态具有一定的关联性。互联网是一个庞杂的信息系统,是信息技术和人的共同作用的结果,其运行机理既不同于自然生态,也与社会生态系统有本质区别。相对于自然生态系统的特征而言,互联网生态系统也有其相应的特征。[①]

互联网生态系统是动态功能系统,它具有一定的区域特征并能够自我调节、持续发展。[②] 互联网生态系统的动态特征体现在,它也如同自然生态系统一样,具有生物学的特征,网络信息也会生产、生长、代谢等。网络生态系统的区域性特征意味着网络信息的生产、发展等仍然无法脱离空间的局限,如同自然生态中的生物种群,总是在最先在小范围地理空间生长、繁衍,再逐步扩张到更大地理空间。随着互联网生态发展日渐普及化,区域性特征将逐渐弱化。例如我国历史上第一家网吧"威盖特"诞生于1996年的上海,半年后,北京出现了中国第一家规模化、正规化的网吧。可见,我国网吧最早诞生在经济发达地区,但随着互联网技术的发展普及,举国上下城乡地市以提供网络游戏服务为主的网吧一度"野蛮生长"。互联网生态系统具有开放自治特征,因此互联网生态系统能够像自然生态系统一样,在自身内部消化分解信息,来维持整个系统生态平衡。只不过在互联网生态系统中,信息经过智力劳动加工添附,在社会和经济属性上增加了价值,又开启了新的流转。

[①] 参见胡月聆:《论网络生态系统平衡构建》,南京林业大学2008年硕士学位论文,第10—11页。

[②] 参见沈丽冰等:《网络生态环境及其可持续发展分析》,《科技进步与对策》2006年第11期。

二、互联网生态与社会生态

互联网生态在本质上是一种虚拟的社会生态形式。与传统的社会生态相比,互联网生态存在的场域是虚拟的网络空间。可以说,互联网生态是伴随着网络空间与网络社会的诞生而形成的。但与此同时,互联网生态的进化不仅离不开网络技术的发展推动,也离不开信息主体对互联网生态环境的需求。而以上因素都存在于现实的社会空间之中,受到现实社会生态的约束与影响。社会生态的许多要素在互联网生态中都存在,但互联网生态中的某些因素却并不一定会存在于现实的社会生态之中,如虚拟的电子数据形式的信息、虚拟人等。因而,尽管互联网生态在本质上是一种社会生态,但它又与传统的社会生态之间存在着一定的差异性。2016 年 12 月,全球首位虚拟博主"绊爱"(订阅者称其为"爱酱")在 YouTube 平台首次直播,随着来自日本的"爱酱"订阅人数不断增多,这种直播形式被搬运到国内直播平台 B 站(Bilibili),从而开启了国内虚拟博主直播的新纪元。2020 年 7 月,蔡明以"菜菜子 Nanako"的二次元虚拟形象和蔡明本人的声音直播,成为新晋虚拟偶像,上播 20 分钟荣登 B 站直播人气榜第一。2020 年 11 月,由乐华娱乐打造的首个虚拟偶像女团 A-SOUL 出道,同年 12 月 A-SOUL 举办了第一次直播活动,实现了虚拟偶像向 3D 真实场景与粉丝互动的迈进。除了直播打赏以外,周边产品、广告委托、代言委托、举办演唱会等活动都是虚拟偶像商业变现的途径。虚拟博主、虚拟偶像本质上与自然人博主、偶像无异,但实际上二者存在一定差异。"菜菜子"案例中,虚拟形象的创设灵感来自对现实中的自然人的模拟,与自然人本人互动,并对自然人产生影响。"菜菜子"形象设计的原型就是现实中蔡明本人,使用自然人本人的声音,"菜菜子"的活动受到了蔡明的制约,对本人的人身依附性较强,"菜菜子"的行为不完全出自蔡明本人的意思表示,或者说"菜菜子"的内容生产者不是或不仅仅是蔡明本人,内容的责任承担者是"菜菜子"背后的制作团队,因此假设"菜菜子"因内容问题造成实质侵权,那么相应地,团队应当为侵权行为负责,然而蔡明本人的名誉也会受到贬损。在 A-SOUL 的案例中,即便虚拟偶像的创造完全脱离于现实中的某个自然人个体,不涉及人身依附性的问题,但是 A-SOUL 也是在模拟现实中广受欢迎的女团的一般形象,A-SOUL 的管理与经营同样未能脱离传统现实偶像的一般模式。

三、互联网生态与媒介生态

对于"互联网究竟为何物"这一问题,学界曾有过不少探讨,并将其与"网络""网络空间"等类似概念进行比较。互联网、网络以及网络空间在日常生活中常常会被认定为同一事物,但事实上三者在内涵与外延方面存在着较大的区别。凡是能彼此通信的设备组成的网络就叫互联网(Internet),两台通信设备连接在一起也能称为广义上的互联网。而狭义的互联网则仅指将全球各个不同的网络通过 TCP/IP 协议进行连接而构成的网络。"网络空间"概念在此层面也就被狭义地认定为由网络连接而形成的以供人们交流、沟通的场域。美国军事与相关术语词典也对"网络空间"进行了界定:"存在于信息环境中,由相互独立的信息科技基础设施组成,包括互联网、通信网络、计算机系统以及内置程序与控制器等在内的全球性领域。"① 显然,美国军事与相关术语词典对"网络空间"概念的界定包含了几乎所有的互联网要素——物理层面支撑互联网运行的硬件设施,规范层面保障互联网联通的网络协议乃至内容层面的互联网监管规则。② 在社会科学研究领域内,无论是"互联网"还是"网络"或"网络空间"都离不开对传播媒介的依赖,这也从侧面反映出"互联网"在本质上仍然属于一种传播媒介。有鉴于此,本书中的"互联网生态"与"网络生态"在内涵与外延上基本等同。

① Cf.U.S.DEP'T OF DEF.JOINT PUB.1 - 02,*Dictionary of Military And Associated Terms*,12 Apr.2001(Mar.17,2009).

② Cf.Lawrence B.Solum and Minn Chung,"The Layer Principle Internet Architecture and the Law",*University of San Diego School Public Law and Legal Theory Research*,p.55,June 2003.

在互联网生态环境这一场域之下,互联网的媒介本质更为明显。从构成因素来看,互联网生态系统主要由环境因子、主体因子和信息因子三大部分构成。互联网的媒介作用就是将以上三大因子连接在一起,并形成一个独立运行、和谐统一的整体。随着互联网技术与服务日新月异的发展,互联网生态系统从社会大系统的子系统中逐渐脱离,形成了一个全新独立的社会生态系统。社会大系统与互联网生态系统的互动始终没有停止,社会大系统不断向互联网生态系统输入物质流(包括技术、设备、人员)、能量流(包括资金投入)、信息流。[①] 而互联网生态系统也不断对外输出各种信息。互联网生态系统与社会大系统之间形成一种链接,让各种信息与财富通过各个介质得以传播与输送。

从互联网生态学缘起来看,互联网生态脱胎于媒介生态,并伴随着网络空间、网络社会的出现而得以兴起。媒介生态学运用环境生态学的理论来研究媒介,并将媒介生态系统界定为"在一定的时间和空间内,人、媒介、社会、自然四者之间通过物质交换、能量流动和信息交流的相互作用、相互依存而构成的一个动态平衡的统一整体"。[②] 从内涵与外延的角度来看,互联网生态系统属于媒介生态系统的子系统。这主要也是因为互联网在本质上是一种媒介,它需要通过物理设施、网络代码或者网络架构等现实与虚拟的介质来传播信息,从而在人与人之间架构起不同的社会关系网络进而形成一种生态系统。

---

① 参见徐国虎、许芳:《网络生态平衡理论探讨》,《情报理论与实践》2006 年第 2 期。
② 参见邵培仁:《论媒介生态系统的构成、规划与管理》,《浙江师范大学学报(社会科学版)》2008 年第 2 期。

第二章　互联网生态与人类
社会文明的发展

　　人类社会文明的繁荣发展有其内在价值,人类社会的发展应当遵循生态发展规律,而不是与其相悖。人类遵循和利用生态发展规律应当将规律的适用性限制在满足适当条件的环境中,形成规律认知。① 在如今互联网繁荣发展的时代,互联网生态思维应当超越人类中心主义,以更有利于人类社会多样性、复杂性发展为目标。作为一种复杂适应性系统,互联网生态与人类社会的发展具有密切的联系。网民在互联网生态体系中不断相互学习并互相适应,从而协同进化共生发展。互联网生态依托于网络空间而存在,而网络空间又是一种因人类需求而产生之物。互联网、网络、网络空间常常被人们称作现代计算机技术发展的产物,是人类的智慧创造物。无论是网络的产生、因特网的互联以及互联网生态的最终形成,都离不开人类,可以说它们都是因人类的创造性活动而得以产生发展,并在现代技术的支撑之下为人类提供服务,最终受控于人类。然而,不同于农耕时代与机械时代的技术,建立在计算机技术基础上的互联网功能为人类带来了前所未有的便利与自由,使人们在网络空间获得的权利与义务之间出现了不平衡,而这已经超越了现有规范机制所能规制的范围与程度。正如海德格尔所说,人类想掌控技术的欲望成为技术的一切,

---

　　① 参见［英］A.F.查尔默斯:《科学究竟是什么?(最新增补本)》,鲁旭东译,商务印书馆2018年版,第250—251页。

但人类掌控技术的欲望越强,技术就越能威胁人类并脱离人类的掌控。① 由此来看,互联网生态与人类社会文明之间是一种相互影响、相互制约的关系。

文明与文化不同,但有的学者认为文明和文化可以互通互用,认为文明是对人的最高的文化归类,是人们文化认同的最广范围,人类以此与其他物种相区别;人们所属的文明是他们强烈认同的最大的认同范围;文明是最大的“我们”,身处其中让人感到安适,因为它使我们区别于所有在他之外的“各种他们”。② 也有学者认为文明和文化是冲突抵抗的关系,认为文化是民族精神上的自觉,是一种精神的、宗教的、独创的因素,与政治的、经济的、社会的因素有区别,文化指的是艺术作品、书籍、宗教或哲学体系;认为文明具有等级性,从殖民和扩张的文明来看,文明具有蒙昧的文明与明达的文明之分,这种观点下的文明与文化全然不具有一致性。③

第一节　互联网生态与社会文明

纵观人类历史,农耕时代使人类最终摆脱野蛮走向文明,工业革命基本奠定了现代世界的格局。而今天我们面临的是信息革命的时代,是互联网的时代。互联网赋予人类劳动智力化,这是人类智力解放道路上的里程碑。这一次革命的最大区别在于科技社会化,科技发展与社会紧密结合。信息革命引起了生产力各要素的革命性变革,完全改变了各个产业部门的生产方式,对经济制度提出了新的挑战。与此同时,互联网也给人类文明带来了革命性的变革,曾经是科幻小说中的情节今天我们已经习以为常。回顾历史,农耕文明的

---

① Cf.Heidegger Martin,translated and with an introduction by William Lovitt,*The Question Concerning Technology and Other Essays*,Published by Harper&Row,Publishers.Inc.1977,pp.5-8.

② 参见[美]塞缪尔·亨廷顿:《文明的冲突与世界秩序的重建》,周琪等译,新华出版社1998年版,第26—27页。

③ 参见[德]诺贝特·艾里亚斯:《文明的进程——文明的社会起源和心理起源的研究(第一卷)》,王佩莉译,读书·生活·新知三联书店1998年版,第63页。

时代中国曾经创造灿烂丰富的文化。但是在工业革命中,一些古老文明因为变革太慢而丧失了历史机遇。当前,信息革命已经开始,这场革命再次带来新一轮的全球格局变化,互联网成为国家竞争的制高点。中国必须抓住这次历史机遇,实现中华民族伟大复兴。

一、互联网诞生的社会背景

正如前面所提及的那样,互联网兴起在美苏冷战期间。美国与苏联在进行军事竞赛的同时,也展开了技术竞赛,而互联网就是那个时代的产物。美国军方斥巨资委托众多大学与其他科研机构开展科技研究,希望保持其军事实力上的优势。在这样的条件下,美国军方提出了两个需求:一是科研数据和成果的信息,如何能够快速高效地在不同研究机构之间传播,从而帮助科研工作有效开展;二是怎样保证这一信息传播的系统不会被苏联一举击溃,使美国的科技实力遭到致命打击。1969 年,能够在一定程度上满足这两个需求的 AR-PANET 问世。通过先进的通信技术,ARPANET 让大学彼此之间以及和军方之间的通信变得非常高效,而且它采取了去中心化的分散式结构,确保不会在苏联的一次性核打击下遭受满盘皆输的彻底毁灭。大学的研究者们在使用中发现,ARPANET 不但给他们的科研合作带来极大的便利,而且给日常的沟通与交流也带来了极大的便利,可以说有着极大的社会价值,因此有着民用的潜力。1983 年,TCP/IP 协议研发成功,在社会上得到运用。1986 年,美国用NSFNET 替代了 ARPANET,成为互联网的骨干网之一,军用部分的功能从此独立了出去。1989 年,万维网出现。截至此时,互联网的使用者大多还是科研人员,商业机构受到不少限制。到了 1991 年,美国的商业互联网协会成立,把它的互联网的子网提供给用户进行商业用途,开启了互联网经济时代。

从互联网兴起到发展的这一历史过程之中,我们可以看到互联网的发展至少具有以下两个重要特点:一是互联网最早的使用者是美国的科研工作者和军方;二是互联网的兴起是在美国 20 世纪 60 年代末到 90 年代初的社会环境之下。

首先,20世纪60年代末美国发生了许多重大的社会运动与社会变革。冷战压力、民权运动、越战与反战运动、嬉皮士的反主流文化等等,这是互联网开始产生、发展时面对的社会环境。这些带有理想主义色彩的运动,在美国的大学校园里面尤为盛行,而大学生和教授正是互联网最早的研发者和使用者。这些社会历史原因奠定了互联网文化的基调。互联网被一些人看作是信息自由传播的终极手段,是宪法修正案保证言论自由的终极场域。开源共享、言论自由,这是互联网理想主义的一面。

其次,互联网出现之初是为了军用,兴起在冷战的背景之下。美国军方和政府从一开始就了解其巨大的战略价值。即便抛开对科技进步的巨大推动作用,仅仅作为信息传播的手段,互联网对于美国来说也是确立其世界地位的重要工具。美国的外交战略,是要通过价值观的输出让世界各国的政治和文化适应美国的价值,从而确立一个对美国来说安全、繁荣的政治和经济秩序,从而保证其国家利益的实现。通过互联网在世界的拓展,让以美国为主导的信息更高效地渗透至不同政体的国家民众中去,从而实现软实力的延伸,进而实现和平演变,这是美国对互联网的战略认识。进入21世纪,美国政府对互联网的使用甚至转向其自己的国民,借助其技术手段大规模地监听与分析美国公民的隐私数据。可以说,这是互联网残酷现实的一面。

最后,互联网的技术特点本身和其背后的价值有着高度的契合。互联网是一个去中心化的物理结构、个人到个人的信息传播系统,互联网的用户是匿名的,而且又是高度技术化的。这与理想主义者信奉的言论自由、人人平等精神非常契合。尤其是其匿名化、崇尚技术的特征,让不同性别、种族和文化背景的使用者都可以凭借其技术实力得到平等的尊重与对待,这在种族问题严重、性别不平等严重的美国社会可以说是非常重要的,也是为什么技术公司往往宣称自己是彻底的任人唯贤。此外,互联网极大地赋予个人能力。在理想的情况下,凭借个人的聪明才智和努力,个人可以与大公司分庭抗礼、个人可以通过互联网获得巨大的经济利益和影响力。这也契合了美国人的个人英雄主义情怀，可以说，互联网的场域中容纳了更大的公民空间。但是这并不是说美国对互联网不加监管，事实上，美国联邦政府于1986年出台的电脑欺诈与滥用法案（Computer Fraudand Abuse Act, CFAA）是一部极其严格的法案，只要违背电脑产品和互联网产品的使用协议就算违法，而且是按重罪（felony）起诉量刑。2013年"网络神童"亚伦·施瓦茨（Aaron Swartz）就因使用黑客技术非法下载海量文章而受到十多项重罪指控，压力之下在公寓自杀身亡。

二、互联网思想引发新的社会启蒙

互联网带来了继我们所熟知的文艺复兴、启蒙运动之后的再一次社会启蒙思潮。互联网思想有着解放人性、汇聚思想、颠覆话语权的可能性。

（一）解放人性

文艺复兴对世界文明的影响在于它使人性从传统封建神学的桎梏中逐渐解放，充分肯定了人的价值，重视人性，使人们开始探索自己作为"人"的价值，而不是宗教和统治者的附庸。几百年来，经过了科学技术的飞速发展，经过了大机器开启的工业化进程，曾经张扬着"人性解放"大旗的现代性已经化身为宇宙飞船、水泥森林、琳琅满目的商品，围绕在所有人身边，形成了我们每天面对的日常生活。然而需要警醒的是，"现代性"既优越又令人欲罢不能，一方面意味着便利和繁荣，而另一方面剥夺了个性化的生活，进而导致文化发展缓慢。

互联网兴起和发展的整个过程中，都伴随着对于社会、经济、文化的反思和重构。当然，这里的重构并不是指我们现在可以在网上购物、打车、聊天、叫外卖。在这个意义上，互联网仅仅被我们作为一种工具，而并非其思想内核。当我们从更大尺度上来看互联网，我们会发现，互联网改变了信息的生产、组织和分发方式，改变了传统的社会传播结构，尤其是互联网所启发和带来的创新精神、复杂的社会网络、网络之上人与人的关系和协作、陌生人之间的契约互信、从虚拟空间所涌现出来的智慧等等,这样的一切,才是互联网真正带给世界的深刻影响,是互联网真正"解放人性"之处。所以,要理解互联网思想是如何从其出现起就带有"反思者"和"颠覆者"的基因,我们就要先理解消化先前所提到的互联网起源和萌芽的整个社会背景、历史环境,以及思考围绕着当时那个历史环境的社会思潮,再看互联网反思了什么、颠覆了什么。互联网思想中的"自由、平等"等共性价值的出现颠覆了传统社会对文化、对个体生活的固化,让每个个体都能连接至互联网,自由地分享自己的思想,自由地创造具有个性的网络内容,也使得多元的文化得以在网络上得到共存。因而,互联网对于"解放人性"这一目标而言是极具推动性的。

(二)汇聚思想

"群体智慧",是我们现在谈到互联网时会想到的一个词。我们现在见怪不怪,但是"群体智慧"实际上代表了互联网思想的一种汇聚和涌现。互联网帮助我们在点击鼠标的过程中发现新的文化可能性,把我们带入虚拟空间,在无场所的现象背后,帮助我们跨区域、跨国家地形成和保持文化认同。[①] 互联网带有的超链接这样的天然属性,意味着通过"链接"这个渠道,两个本身在物理空间上相互不连续的个体,通过链接就可以相互被联系起来。相当于说,空间在这两个个体之间被"折叠"了。超链接就好像《星际穿越》之中的"虫洞",在双方之间构建出一条跨越时空的捷径。有了这条捷径,人与人之间的联系变得更加便利而广泛,思想的交流和汇聚也在广度和深度上被不断提升。当互联网提供给了我们这样便于联系交流的途径的时候,我们便逐渐开始更加关注这些问题:个体究竟是如何相互联系的? 这么多个体以及它们的意义相互通过各种方式联系起来,又究竟产生了什么? 这里提两个例子来佐证互联网对于汇聚思想的革命性作用:"小世界模型"和"认知盈余"。

---

① 参见[美]康拉德·菲利普·科塔克:《人类学:人类多样性的探索(第 12 版)》,黄剑波等译,中国人民大学出版社 2012 年版,第 243 页。

第一个例子是"小世界模型"。1998 年，邓肯·瓦茨（Duncan Watts）和斯托加茨（Steven Strogarz）在《自然》杂志上发表了关于小世界网络模型的论文"Collective Dynamics of the 'Small-World' Networks"，首次提出并从数学上定义了小世界概念，并预言它会在社会、自然、科学技术等领域具有重要的研究价值。这个小世界模型，实际是从技术上印证了"六度分割"理论，即世界上任何两个人之间产生关联，只要经过六步就可以实现。互联网就是这样一个"小世界"，它的规模组织虽然极其庞大，其间有无数彼此互不相连的节点，但绝大部分节点之间只需要经过少数几步就可互相到达，产生联系。研究发现，在具有小世界特征的动力系统中，信息的传播能力、计算能力等都得到了增强，而局部动态特性与全局动态特性之间的关系，则主要依赖于这样的网络结构。

第二个例子是"认知盈余"。"认知盈余"是美国学者克莱·舍基（Clay Shirky）所提供的概念，用来描述互联网社群之中信息、消息、思想和知识所涌现的这种情势。当互联网进入 Web 2.0 阶段，即社交媒体兴起之后，朋友之间、熟人之间，乃至陌生人之间开始更加习惯与彼此进行连接，这样就形成了越来越多的社群，这些社群之间的信息思想不断地交互，逐渐形成了一种"盈余"现象。同时拥有知识背景、可自由支配时间以及分享欲望的人，他们将这些盈余的知识、时间汇聚在一起并相互分享，便可能产生可观的社会效应。这在互联网环境下得到了集中体现，比如我们熟悉的"知乎"这样的知识问答社区，以及果壳网这样的科普社区。

思想的汇聚带来的是对精英话语权的反思和颠覆。我们现在更多地提到"用户"而非"大众"。因为"用户"可以脱离"大众"这一集合名词的控制，得以凸显出个体的异质性，并参与到信息生产、意义建构和传播的环节中。"平民话语"开始打破一贯以来"精英话语"的控制而有了独立生长的空间。因为，当我们谈"汇聚"这个词的时候，就已经是多维意义，而不再是传统线性意义上的了。只有立体的、跨越时空式的集结，才叫作"汇聚"。这也就是说，互联网带来的思想、信息的聚合完全颠覆了传统时代思想话语建构的方式和态势。福柯谈到过,知识是由权力所造就的。简言之,掌握着权力的人,才有资格决定什么是知识,什么值得被人们学习,被传播下去。当然不可否认,在当下社会中,这仍然是不争的事实。然而互联网通过将话语建构的权力分发至用户层面,自下而上地从根基上撬动了墙角,以"自我建构"的模式改变了传统的"权力规制"式的知识生产模式。比如现在的许多自媒体、大V,或者是10万+的公众号。它们大多也都是从默默无闻的小号做起,一步步通过建立自己的话语体系、持续地完善和输出自己的论点来拉人气,最终可能因为某个舆论事件、某一篇评论文章而引发现象级的讨论,从而获得能够引领舆论风向的话语地位。

但现在网络上更多的是这样的情况:网络上活跃的无数的社群,很多不再是基于现实人际关系,而是基于"趣缘"而集结的。比如豆瓣网的交际模式,有人和你喜欢同一本书、同一部电影就成为好友;又比如这个群体里大家都喜欢动漫,另外一个群里大家都喜欢科幻电影,等等。在这样的情形下,个体与个体之间的联系的重要性,超过了个体自身。并且个体之间的社会互动,足以产生合力,而形成一系列的话语生产,乃至改变现有的文化生态。我们称之为"参与式文化"。亨利·詹金斯(Henry Jenkins)在《面向参与式文化的挑战》一书中阐述了互联网时代中参与式文化的具体特征:(1)降低门槛:对于艺术表现和公民参与有相对较低的门槛;(2)鼓励创作分享:对于创意、创造和人与人之间的分享有着强力支持;(3)创造学习的氛围:新手可以通过某种非正式性的渠道向更有经验的人寻求帮助和指导;(4)成就感:使得成员相信自己的贡献是有用的;(5)社区感:能让成员感受到与他人之间存在社会联系,成员他们会在意其他人对自己的想法和评价。

总体而言,"参与式文化"代表着互联网所带来的文化变革,其特性是与互联网汇聚思想、颠覆精英话语权的潜功能相吻合的。

三、互联网与中华民族伟大复兴

中华民族伟大复兴不仅表现为文化层面的复兴与发展,还需要物质层面的支持,需要生产力的推动。因而,互联网与中华文化复兴,至少包含着以下几方面的内容。第一,互联网提高我国的科技水平,促进产业模式的创新,现在已经成为国民经济中非常重要的一环,可以直接推动我国硬实力的增强。中华文化复兴,必须建立在富强繁荣的物质基础之上。第二,互联网对中华文化复兴起到的一些直接的推动作用。第三,中华文化复兴会对世界秩序形成反哺,从而对建设互联网形成一个反作用。

(一)互联网推动中国硬实力

互联网在中国经济中占有极其重要的地位。2022 年中国网民达到 10 亿的规模,《中国互联网发展报告 2021》指出,2020 年中国数字经济规模达到 39.2 万亿元,占 GDP 比重达 38.6%,保持 9.7%的高位增长速度。可以说,发展数字经济是中国经济跨越式发展的一个重大历史机遇。互联网历史不长,1991 年开始大规模商用,这和我们的改革开放时间上是比较同步的。虽然我们的起点比较低,但是追赶快,与欧美国家的差距是在这样的历史时机下快速缩小的。

不只是在经济层面,在科技层面,互联网的发展大大促进了中国的科技进步,推动了生产力的提高。在自然科学、工程学和社会科学领域,已经难以想象没有互联网该如何开展研究。互联网不但是获知世界研究前沿信息的途径,而且是开展跨地域乃至跨国科研合作的必备手段。不但如此,中国还培养了大批计算机科学领域的顶尖人才,在世界上占很大比例。近年来很多在海外工作的中国科学家选择归国科研或创业,成了促进相关领域科研探索、与国际合作的重要支持。

互联网经济能够大行其道有其经济方面的原因。互联网经济可谓修正了传统经济理论边际收益递减的假设,因为互联网经济在规模扩张方面体现出边际成本极低甚至为0的情况,而且边际效益递增,有着巨大的规模效应。这使得互联网成为科技企业短时间内迅速爆炸式增长并实现巨额营收的保证,而任何传统行业都不可能做到这一点。互联网经济创造了许多以前难以想象的新的商业模式,例如共享经济、"互联网+"等等。在这一方面,中国有着独特的比较优势。

前面已经说到,互联网经济实际上有边际收益递增的效应,与传统行业截然不同。中国这个有着14亿人口的巨大市场,互联网经济前景十分可观。很多商业模式,在美国或者欧洲可能行不通,在中国就能行得通,甚至可以产生巨大的经济效益。而且这么大规模的市场,对数据的收集与开发的价值就更大,对数据分析和相关技术的发展需求就更高,形成了对技术进步和商业模式创新的倒逼。美国和欧洲的互联网巨头觊觎中国巨大的市场,我们自己的企业经历了跟跑的"阵痛期",现在在技术研发方面的差距已经大大缩小,在商业模式方面甚至还有自己的独到之处。我们终于不再完全对欧美亦步亦趋,而是能够在前沿领域开展自己的探索。互联网经济的发展还有正面的外部性,对传统行业有着颠覆性的转变作用。"互联网+"成为现在最令人关心的经济议题之一,拥抱大数据、机器学习和云计算等先进技术与理念的传统企业也越来越多。这种对行业模式全方位的改变、对经济实力强有力的推进,是互联网对中国硬实力的实实在在的贡献,是文化重建的物质基础。实现中华民族伟大复兴的中国梦,就要抓住互联网大发展的历史机遇。

(二)互联网推动中华民族伟大复兴

互联网如同历史上的文艺复兴与启蒙运动,使人们的思想为之一变,使社会的风气为之一变。中国人凭借自己的勤劳与智慧,对互联网的技术和应用模式都作出了很好的本土化尝试,在互联网发展的进程中占有一席之地。而互联网的公共空间,给我们自身的思想交流与进步提供了条件,给形成新时期的文化与思想方面的共识提供了条件,给社会与政治建设提供了新的可能性。在此基础上,互联网给了我们一个展示国家软实力的渠道,让世界各国更加理解我国的国情与文化，建设一个新的世界各国彼此理解与尊重的国际环境。这是互联网对中华民族伟大复兴更高更有意义的价值所在。

互联网经济对人的社会生活产生了巨大的改变。人们的日常通信、交往乃至工作、交易模式，都发生了极大的变革。在中国经济较为发达的地区，已经形成了"无现金社会"的局面，这在欧美发达国家都是难以设想的。此外，电子商务、即时通信、共享经济等等，都已经深刻地改变了人们的生活方式。与之相应的是社会治理方面也出现了新的局面。政务电子化、数据化、透明化，为科学合理的治理模式提供了技术基础，为民众表达自身的各类诉求提供了空间，为百姓与政府之间开展有效而理性的沟通建立了渠道。

互联网成为牵一发而动全身的总体性结构，具有巨大的能量和影响，它建构的巨大的交流传播信息、表达诉求的空间，对各类社会思想的存在、争鸣与发展都有很强的促进作用。

具体而言，互联网在凝聚民心、重建共识方面具有以下潜力：

首先，互联网建立了一个开放的公共舆论空间，社会各界可以平等地参与讨论，在开放、理性的对话方面达成共识。人类思想史的发展一再表明，真正有活力的社会思想总是产生在对话之中，发生在具体的社会历史语境之中。没有开放的对话，没有真诚的交流，是不可能形成社会各界的都能认可的价值体系，中华民族凝聚力就无从谈起。

其次，互联网建立了一个上下沟通的渠道，反映老百姓的民生诉求，指导政府部门进行相应的管理与建设。通过互联网能够更好地发挥媒体的监督作用，促使政府部门，朝着政务公开化、透明化的方向努力，不断提升自身廉洁建设。

最后，在互联网空间需要建立科学合理的管理机制，从而保护民众利益，达到自由与秩序的统一。互联网缺乏必要的监管和指导，就可能出现一种无政府主义的倾向，不符合现代社会的需要。诚然我国在互联网的法律法规上还存在着不健全、不成熟的地方，在未来的发展中，要根据科技发展和社会发展的实际情况,不断健全和完善。

四、互联网成为国家竞争的制高点

互联网技术竞争是国家竞争中的重要领域。因互联网而连接在一起的人们共同生活在一个虚拟的网络空间,而新空间的扩展与延伸亟须建构新的秩序安排与交往制度;伴随着新空间秩序的建构,网络空间对权力的转移也产生了重大的影响,国家间的竞争、国际话语权的争夺,也能经由互联网技术的创新与发展得以体现。也正是在这种情形下,互联网技术的发展为我国的战略发展创造了新的机遇,当然也是一种挑战。

(一)新空间呼唤新秩序

在互联网时代,互联网与人生活关系密切、场景多样,可以说互联网的虚拟空间已经由"虚"向"实",成了实实在在的人类生活的共同空间。正如人类历史上每一次探索和发现带来新的空间一样,新空间的拓展呼唤新的交往规则与秩序愿景。

如果做一个类比,我们可以举现代陆地空间秩序和海洋空间秩序的形成为例。现代意义上国家主权的概念不是先天成立的,而是历史进程的产物。一般认为,主权国家的诞生是从1648年"三十年战争"后签订《威斯特伐利亚和约》开始的,这一和约奠定了欧洲的主权国家体系,形成了欧洲陆地空间的政治秩序。在此之前,欧洲各国的王朝之间、教派之间以及王朝与教廷之间连年征战,欧陆局势极其不稳定。签订国际条约不能说毫无作用,但也不能完全避免战争。

海洋的竞争同样导致了一系列的冲突和协商,最终带来海洋空间的秩序准则,这当中经历了漫长的历史过程。1493年,教皇裁定大西洋上的海洋通航权由两国垄断,子午线以西归西班牙,以东归葡萄牙,其他国家船舶未经许可不得通行。16世纪下半叶,荷兰与英国凭借实力击败西班牙的无敌舰队,打破海洋垄断权。其后发生了荷兰的格劳秀斯"海洋自由论"和英国赛尔登

"海洋闭锁论"之间的论战,论战结果是将海洋分为领海和公海两个不同的部分,并且适用不同的法律制度。1782年加利亚尼建议将大炮的极限射程——3海里作为领海界限,得到广泛支持。

但是随着科学技术的发展,大炮的射程早就超过3海里之限,这一规定变得不合实际。而且众多发展中国家为了保护自身海洋空间的利益,提出了很多新的诉求。1930年,国际联盟在海牙召开国际法典编纂会,讨论领海问题。讨论认为,领海宽度原则上应为3海里,同时为了防止违反关税、卫生方面的规定,防止危害国土安全,沿海国可在12海里内设定毗连区。许多沿海国家与海洋国家之间的争议并未得到解决。第二次世界大战后,关于海洋空间的制度规则,又发生了很多波折。直至1973年召开联合国海洋法会议,会议通过了《联合国海洋法公约》,对领海和毗邻区、国际海峡、专属经济区、大陆架和公海等各国关心的问题作出规定,标志着新国际海洋秩序的建立。

通过上述案例我们可以看到,每出现人类活动的新的空间,都可以看到明显的观念纷争与利益博弈。开发能力强的国家提倡"自由",实际上是要获取更大利益;相对弱势的国家强调确立权利的边界,实际上是对自己的保护。互联网空间作为人类活动新的疆域,同样呼唤国际合作的新秩序。科技发达、掌握着众多核心专利技术的西方各国提倡所谓的"自由发展",实际上是要保护自己借由知识产权和技术实力建立起的战略优势。

(二) 新科技的革命导致权力转移

我们看到每一轮科技革命都伴随着新的权力转移。以工业革命为例,18世纪60年代,工业革命首先在英国发生。以蒸汽机为动力、棉纺织业为典型产业,英国的工业革命发展得迅猛而又成功。在此基础之上,为了寻求原料产地与世界市场,凭借自身的海洋优势,英国建立了"日不落帝国"的世界殖民体系。

在英国的示范效应下,工业革命推至世界各国。美国、法国、德国、日本纷纷效仿,建立起强大的现代工业,在地缘政治和世界格局中的地位得到极大提高。中国在此之前是世界上最为富庶、强大的国家,但在工业革命时代没有能够抓住机遇,进行的种种现代化努力都遭到失败,终于成为积贫积弱的国家,备受西方列强的压迫。

第二次世界大战之后,美国取代英国成为世界科学技术发展的中心。由于二战期间美国大陆本土没有遭到战争侵袭,加上来自欧洲大陆躲避战乱和集权压迫的高级知识分子纷纷涌入美国,使得美国的科研和工业实力得到极大增强,成为资本主义阵营的领头人。互联网正是在这一背景下兴起于美国,90年代以来世界上最为著名的高科技产业、互联网公司大多发源于美国,微软、苹果、谷歌、亚马逊等取得巨大成功,巩固了美国的领先地位。

（三）各国竞相争夺互联网的战略机遇

目前,西方大国试图凭借互联网话语权上的优势形成了一种文化霸权主义。国际主流媒体和自媒体对中国的报道,时而存在无知、误解甚至偏见。不论有心还是无意,这些观念都巩固着西方人对中国的刻板印象,无益于国家与国家、人民与人民之间的彼此尊重与理解。在西方构筑的话语体系之下,中国文化永远是他者,只能是被当作奇观看待的对象,而不能获得主体性。因此,必须从这一体系当中跳脱出来,争夺网络话语权,成为规则制定者。我们不是要建立新的话语霸权体系,把西方文明置于我们的体系当中,而是要在对话的过程中寻求彼此的理解与相互的尊重。

对于我国而言,互联网的蓬勃发展,既是机遇又是挑战。在技术发展日新月异、网络空间日益拓展的情况下,保护国家安全、维护人民利益就变得尤为重要。习近平总书记强调,没有网络安全就没有国家安全。网络安全问题早已超出了技术安全、系统保护的范畴,发展成为涉及政治、经济、文化、社会、军事等各个领域的综合安全。如果无法建立网络安全的坚强保障,国家机密、科技信息、公民隐私等受到威胁,更可能遭受通过互联网实施的物理打击。不法分子利用木马、病毒、系统漏洞或者僵尸网络攻击,盗取有价值的信息,甚至篡改服务器端的信息,扰乱市场秩序、危害公共安全,在互联网日益深入越来越多领域的今天，威胁有增无减。为此，必须建立好保护国家网络安全的护盾，防范国内外犯罪分子和敌对势力的攻击，切实保护国家核心利益，维护人民权益。

第二节　互联网生态与社会形态变迁

随着生产力水平的不断提高，人类社会经历了多个社会形态，而与这些社会形态共同发展并且不断驱动社会形态变更的正是几次技术革命。当人类社会跨入奴隶社会时，青铜器冶炼技术是导致这一变更的内在驱动力；而当奴隶社会进入封建社会时，铁器冶炼与铁器的广泛普及则是不断推动该社会形态转变的主要动力因素；当蒸汽机、电力等新技术广泛普及与应用到人类生产生活之中时，社会形态也自然发生了更为巨大的改变，人类进入了资本主义社会形态之下。可以说，每一次社会变革的背后都有技术因素的不断推动。而互联网技术的发展将人类社会由现实社会扩展延伸到了虚拟的网络社会，让人类所赖以生存的社会空间呈现出更为多元化的特征。互联网以其高度的社会嵌入性，正在从一种媒介形态成为一种解构和重构社会的新力量。互联网使信息从稀缺到泛滥，使舆论从单一到多元，已经成为当前社会发展的"最大变量"。①

一、互联网技术是推动网络社会发展与演变的内在驱动力

互联网技术是令传统社会结构发生改变的重要因素。传统的人类社会结构建立在现实的人类社会交往的基础之上，原始社会末期人们因其生产力的提升而有了剩余产品，进而与其他的部族进行产品交换，这是最初的贸易雏形。随着人类社会的交往范围经由贸易而不断扩张，到如今已经发展成为普

---

①　参见谢新洲等：《新媒体在凝聚共识中的主渠道作用与实现路径》，《新闻与传播研究》2016年第5期。

及全球的态势。人类社会交往的模式也相应发生了改变,"互联网+"这一新兴模式的出现为人类社会交往与贸易注入了新力量。人们相互之间通过互联网而联通在一起,并能够自由地分享信息。这种模式之下的人类交往已经打破了传统的等级化的信息传播形态,人们的社会结构也因为以上变化而从传统的金字塔形结构、块状分布式的层级控制结构逐渐演变成为一种扁平化的社会结构形态。[1] 与此同时,互联网技术又滋生出了海量的衍生数据,而建立在该大数据基础上的"共享经济""网络协同合作管理"以及"众包合作"等新型的大规模社会化协作模式与商业形态的出现,又将会对传统的社会组织产生冲击与突破,全新的网络社会形态下的组织类型、网民与网络组织的关系结构模式,都将不断改变并重塑传统的社会结构。

　　海量的大数据已经开启了重大的时代转型。在计算机技术广泛普及之前,人类的信息主要通过报纸、书本、图片等实体媒介以模拟数据的形式来传播,而当计算机技术广泛普及并运用到人们的日常生活之中时,数字数据已经成为占据主导地位的信息存储形式。模拟数据存储的空间受到物质世界的限制,报纸、书本、图片等实体需要消耗更多的自然资源才能承载更多的信息,但数字数据形式的信息存储占用的空间更小,且更具有重复利用性。伴随着这种信息存储方式的改变,人类社会结构也发生了不同程度的变更。在模拟信息存储时代,人们的生活轨迹通过书本、图片、报纸等实在媒介传播,一旦传播媒介消失,则该信息可能会伴随着时间的流逝而不复存在,其对人们生活的影响也会随着传播媒介的消失而逐渐减弱乃至消失。但在数字数据信息存储时代,人们只要在网络上留下痕迹就总有机会被他人所追踪到。可想而知,这种网络痕迹可能会对人们的生活造成多么严重的影响。也正是因为网络痕迹的不可小视性,社会学家们开始提出一种"被遗忘权",他们希望自己曾经在网络社会留下的不好形象能够像传统社会运转过程中那样逐渐得到扭转,然而,

---

① 参见佟力强:《"互联网+"带来社会变革》,《北京日报》2015 年 5 月 25 日。

要扭转网络社会中的形象却需要付出更大的努力。因为一旦信息传播到网络,其影响的范围遍布全球各地,只要有心搜索,就总能找到一些有关信息。因此,这种网络社会信息传播模式也对社会的"信任机制""社交关系网络"建构等产生直接的影响。如果人们不能在网络社会中秉持着必要的行为规则,则终有一天会要为自己的不良行为付出代价。

大数据的出现也意味着大挑战的出现。大数据在为人类创造便利生活条件的同时,也给人们的社会生活带来了来自各个方面的大挑战。人类信息存储量的增长速度已经远远超越了世界经济增长的速度,而计算机的数据处理能力的增长速度也远远高于世界经济增长的速度,且其超越的增长速度倍数要远高于前者。① 在传统媒介时代,信息的数量要远远低于新媒体时代,一方面是因为传统媒体的信息数量受到物质媒体数量的限制,另一方面则是因为信息的产生与传播受到了时空因素的约束,普通老百姓之间的信息传递受到限制而难以使其被更多人所接触。而在新媒体时代,所有的人都有机会成为网络信息内容的制造者与传播者,且虚拟的网络空间为不同阶层的人连接至世界各地创造了机会。这些信息不会因为时间的消逝而逐渐消失,而是不断积累不断被刷新。可以说,在大数据时代,大数据不仅是人们获得新知识、创造新价值的基础,还是改变社会结构、市场环境乃至政府与民众关系等重大社会关系的重要方法。但这仅仅只是一个方面,大数据时代对我们的生存方式、生活环境、行为方式乃至思维习惯都提出了挑战。更令人惊讶的是,网络社会中的人们关注的重点可能不再是事件与事件之间的因果关系,而是只需要重视两者之间是否具有相关性即可。换言之,人们并不需要知道为什么,而只需要知道是什么即可。这就根本改变了传统社会中所建立的惯例制度,而对于人们做决策和理解社会现实而言,将会产生重大的影响和改变。

大数据可以提前预测风险,也会因此改变因果关系的确认。例如,谷歌公

---

① 参见[英]维克托·迈尔-舍恩伯格、肯尼斯.库克耶:《大数据时代:生活、工作与思维的大变革》,盛杨燕、周涛译,浙江人民出版社 2013 年版,第 13—15 页。

司曾于 2008 年收集了 5000 万条美国人在同一时期最频繁检索的词条,并将以上数据与美国疾病控制中心自 2003 年至 2008 年所记录的季节性流感传播时期的数据进行对比分析,他们因此成功预测了美国冬季流感的暴发。从表面上来看,"美国人最频繁检索的词条"与"流感传播"并没有直接的因果关系。但在谷歌公司的员工所建立的数学模型中,搜索的"关键字"中包含有关于流感的信息如"治疗咳嗽和发热的方法""咳嗽又发热怎么办"等,这些词条可能并没有直接提及流感,但他们所建立的模型系统唯一关注的就是该特定检索词条的使用频率与流感在时间与空间传播之间联系,由此而对流感的传播进行了提前预测。因而,当两个事物之间的关系不再表现为传统的"原因"与"结果"关系时,在很多的社会关系网络中会产生蝴蝶效应。例如,法律关系的认定中关注的始终是直接的因果关系,而忽视相关性。这意味着应当为自己行为负责的人可以借此而逃避自己的责任。这种社会关系的稳定就会受到威胁,由此而对整个社会关系网络变更产生直接的影响。

二、互联网技术推动构建人类命运共同体

人类命运共同体的提出,旨在追求本国人民的发展利益时兼顾他国合理关切,在谋求本国发展中促进各国共同发展。在本质上,人类命运共同体是一个全球价值观,其包含了相互依存的国际权力观、共同利益观、可持续发展观和全球治理观。互联网技术与人类命运共同体的构建密切相关。人类命运共同体意识下的国际权力观强调国家之间相互依存的关系,因而国家之间的权力分配未必要像过去那样通过战争等极端手段来实现,国家之间在经济上的相互依存有助于国际形势的缓和,各国可以通过国际体系和机制来维持、规范相互依存的关系,从而维护共同利益。在国际权力观的形成方面,互联网技术打破了国与国之间的界限,国家主权概念也被沿用至网络空间,而网络主权的提出也表明国家开始重视权力在网络空间的分配。除此以外,国家之间对互联网治理权限的争夺也折射出互联网技术在国际权力配置方面的影响。在某

种意义上来说,互联网不仅仅是国家权力分配的工具,还是国家权力分配的对象。在共同利益观方面,互联网价值中的"联通普惠、迅捷共享"为国家之间的利益争夺提供了新的视角。传统的国家利益观通常被描述为一种排他或非零的状态,因而利益争夺不可避免。而互联网价值所提倡的共享、普惠等理念则强调利益的相互依存,各国利益只不过是全球共同利益链上的一环,而每一环都是紧密联系、高度交融的。在互联网经济模式下,各国之间可以实现双赢,而不仅仅是非此即彼的竞争关系,而且是一种相互依存、你好我好的关系。因而,互联网为各国利益分配创造了一个全新的模式,国家与国家之间可以共同发展,共享互联网经济发展的好处。在可持续发展观方面,互联网经济的发展可以最大限度地减少自然资源的消耗,降低物质成本,从而减少对环境的影响。互联网经济通过互联网来实现贸易沟通,减少了人员的流动频率,进而减少了因贸易而产生的物质消耗;互联网产业是可持续发展的,其以新兴技术为基础,对自然资源的依赖程度较低,且一旦物质基础设施得以建立可以在很长时间内持续利用并对环境产生很小的影响。在全球治理观方面,互联网技术使得人们共同生活在一个网络世界之中,必须遵守网络世界中的社会规范,服从互联网治理的基本模式。例如,当前主流学说中提倡的"多元利益相关者"理论,其认为互联网治理过程中必须采纳多个利益相关者的意见,并充分考虑多个利益相关者之间的关系。而这种治理模式恰恰与互联网思维与价值中的联通普惠、共享迅捷相吻合。因而,互联网技术可以成为推动构建人类命运共同体的内在驱动力。

第三章　互联网生态的建构要素

互联网生态链中的网络信息、网络信息参与者和网络信息环境等网络生态基本要素通过持续的动态互动，完整网络生态的价值实现过程，并在此过程中导致各构成要素的共同进化。互联网生态的要素既包括信息主体这种动态的主体要素，还包括信息环境此种静态的环境要素。分析互联网生态的要素必须要在网络生态链这一大背景下进行。互联网本身的物理构成也需要纳入分析的过程之中。为了更好地探讨互联网生态发展规律，本研究中的互联网生态主要由技术要素、应用技术要素、内容与服务要素、用户要素、社会嵌入（形态）要素、文化与社会管理要素以及社会要素等构成（详见图3-1）。

第一节　技术要素

互联网生态建构的首要因素就是技术要素。具体而言，技术要素包括硬件技术、软件技术与应用技术。在硬件技术方面，互联网生态系统建构必须依赖互联网硬件设施，如网络传输设施、显示器等。在软件技术方面，互联网生态系统得以运行必须依靠网络协议等软件设施。例如，通过文本传输协议进行数据传输、交换与存储。除了硬件技术与软件技术外，互联网技术中还包括应用技术。应用技术通常指的是搜集、存储、检索、分析、应用、评估使用各种信息，包括应用 ERP、CRM、SCM 等软件直接辅助决策，也包括利用其他决策分析模型或借助 DW/DM 等技术手段来进一步提高分析的质量,辅助决策者作出决策。

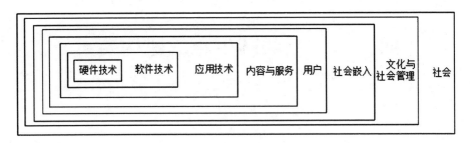

图 3-1　互联网生态系统建构图

网络层级结构由上至下主要有六层,分别为:内容层、应用层、传输层、协议层(又叫网络层)、链路层与物理层。在网络设计中,网络分层理论主要有两种:一种是 OSI 七层网络结构(即应用层、表示层、会话层、传输层、网络层、数据链路层与物理层);另一种是五层网络结构(即应用层、传输层、网络层、数据链路层、物理层)。在实践中,五层网络结构运用得比较多。本书采用的六层网络结构是在五层结构基础上增加了内容层,而内容层主要是用户界面的网络层级。网络数据不仅在同一层级的水平方向进行传输、交换,还在上下级垂直方向进行传输与交换,但均是通过协议进行的。每一个网络层级均有其特定的、独立的功能设定,且该功能必须在该层级内实现,方能将数据传输至下一层级。例如,内容层是一种用户界面,将用户输入的内容转换为计算机可以识别的符号与图像,在应用层,主要有三种网络协议运行,如支持网页浏览的 WEB 协议,支持文本传输的 HTTP 协议,支持 E-mail 的 SMTP 协议,在传输层,TCP(即传输控制协议)将应用层所传输的用户数据进行封装打包,然后再传给协议层,由 IP(即网络通讯协议)对数据包进行处理与移动,以转化为便于链路层识别的数据,最后经由物理层进行最终的传输。由此可见,TCP/IP 协议成为支撑整个网络架构运行的基础。

本书中所论述的网络物理层级实际上包括了整个网络运行层级结构,也就是说除了物理基础设施之外,还包括协议层、内容层、传输层等虚拟的网络层级。互联网的运行必须建立在以上物理与虚拟层级结构之上,可以说网络层级结构的协调运行是整个互联网系统得以运行的关键。与此同时,上卜网络层级的数据交换遵循着透明性原则,意即低层级的网络不会在其收到的上层最大载荷数据中输入任何情报或者信息功能,而是原封不动地将上级传输的数据包视为封装物品,在完成本层级内的功能之后将数据包传给下一层级。这一网络传输数据规则即为"端到端"原则。在网络内容规制过程中,"端到端"原则意味着网络用户所传输的内容只有在内容层与应用层才能被识别,而传输层及其以下层级只负责传输数据而不会对数据内容进行识别。对于网络空间行政规制过程而言,网络层级结构使得政府直接规制的范围受到了一定的限制,因为网络架构的内在、固有的层级功能设定使得政府不可能也无必要对所有层级进行规制,但这并不会影响政府对网络空间的整体可规制性。基于网络层级的固有性与特定性,政府在设计法律规制与制定规制政策时可以充分利用网络层级来间接实现特定的规制目的。例如,政府可以通过间接要求网络服务提供者在其网络服务中引入内容识别与过滤程序来实现约束未成年人行为的目的。但与此同时,通过提供给个体对自身信息进行选择与实施的相关渠道,网络层级结构也能使个人成为选择的主体。政府则可以赋予网络用户自身数据所有权或者物权的方式来引导用户自己改变网络层级结构。尽管"代码并不是法律",但不可否认的是,网络空间中的代码或者说网络架构对人类的行为的确有规制作用。

第二节　内容与服务要素

除技术要素以外,互联网生态还有一个重要的构成要素就是内容与服务要素,内容与服务要素也可称为信息要素,但是这里指的信息是能够表达特定含义并能被相对方受领的信息。

一、信息是构成互联网生态系统的基本要素

海量的信息经过有序地组织与排列可以形成丰富的网络内容与网络服务。网络信息的内生特质主要表现为海量、流动和多媒体。第一,网络信息量极为庞大,对互联网治理带来了质的挑战。互联网与传统大众媒体时代最大的不同在于信息量的几何级数增长,其结果在于单纯依靠人力无法对内容进行有效的监管,信息爆炸等现象使得信息的生产和流通可控性大大降低。第二,网络信息时时刻刻处于动态流动状态。信息的流通是互联网运转的基本形态,网络信息的流通性强,这为一些低俗、情色、暴力等不良信息滋生蔓延提供了可能,这些不良信息的生存和发展,对干净、安全的网络空间形成了极大的威胁。第三,网络信息形式较为多样,以多媒体为最大特征。可以说,互联网集合了所有传统媒体的信息形式于一体,因此其社会影响力是前所未有的。多媒体信息对互联网生态治理提出的挑战在于:单纯依靠技术无法对网络信息实施科学有效的监控。计算机对语言(尤其是汉语)的语义分析是当前的一大难题,即使克服了语义分析的难关,对图片以及音视频内容的识别和意义分析则更是矗立在内容监管面前的巨大难题。网络信息的内生特质决定,我们必须要从信息生态机理上寻找到一条行之有效的内容治理方式。

二、信息是互联网生态链的核心要素

网络空间中的一切行为与活动均需要转化为电子数据的形式,再通过协议转化为普通大众可以识别的文字与图片内容。因而,信息或者说数据是互联网运行与传播的重要形式。从根源上来说,互联网生态治理的核心在于对网络数据流的控制,而网络数据流又必须在特定的网络层级结构中进行。在网络空间中,信息与数据等概念具有密切的联系,可以说信息是内容化之后的数据,而数据则是数字化之后的信息。无论是互联网舆论生态还是互联网政治生态抑或是互联网文化生态,其传播都离不开信息,信息已经构成了互联网

生态传播与和谐发展的核心要素。信息的传递需要媒介,与此同时媒介的运行也离不开信息。与信息密切关联的概念包括数据、资讯、信息等概念。一般来说,数据指的是不经任何加工就不能被人们所识别且不具有任何特定意义的数据符号,而信息、资讯等是包含了人们能够识别的内容的信息形式。信息也是互联网生态的基本要素。可以说,整个互联网生态都是建立在信息的基础之上。而与信息紧密联系在一起的是"数据"。正如前文所述,传统世界的信息一旦传递到网络世界必须转变成为电子数据的形式。由此可见,信息与数据其实只是在形式上有所区别,其判断的基本标准在于是否能直接被普通大众所阅读与识别。

三、反馈是控制论的核心

自 20 世纪 40 年代以来,维纳与香农分别提出了"控制论"与"信息论"。学界对于信息的研究已经逐渐突破了传输方面这一狭隘的概念领域。苏联学者列尔涅尔认为,"控制"是一种为了"改善"某个或某些对象的功能或发展,需要获得并使用信息,且以这种信息为基础而选出的加于该对象的作用。"控制"概念至少包括以下几个方面的内容:第一,控制必须是有目的的,能达到预期效果;第二,控制是施加在某个对象上产生的作用;第三,这种作用是通过信息的选择、使用而实现的。[①]"控制论"也同样适用于互联网生态的发展。例如,维纳提出,控制论应该强调系统的行为能力和系统的目的性。在互联网生态系统中,人们通过作出"有目的、有意识"的行为活动来向其周围的人与环境传递自己的行为信息并以此来实现预期目的。[②] 而他们所作出的这种目的性行为总是需要与外界建立起联系,而这种联系就是经由信息的交换来实现的。因而,外界环境的变化对人类的刺激就是一种对人类生命系统的信息输入,而人类身体对这种刺激所作出的反应就是一种信息的输出。

---

① 参见郭庆光:《传播学教程(第二版)》,中国人民大学出版社 2011 年版,第 45 页。
② 参见罗杰斯:《传播学史》,上海译文出版社 2012 年版,第 58 页。

该理论也同样适用于网络系统，现实世界的变化是一种对网络系统的信息输入，而网络系统的反应就是一种信息的输出。在这种输入与输出的系统行为的作出过程中，网络世界与现实世界就完成了一次"反馈"。当然两者之间的反馈有正反馈与负反馈之分。在正反馈情形下，反馈信息与原信息起到了相同的作用，从而使得信息的总输入较原来增大，并会使之偏离系统目标，且会加剧系统的不稳定。在负反馈的情形下，反馈信息与原信息起相反的作用，从而使得信息的总输入减少，并使其与系统目标之间的偏离幅度缩小，且维持住了整个系统的稳定性。由此可见，如何确保负反馈才是控制论的核心问题。

控制论揭示了互联网生态系统演变的基本规律，而信息论针对的问题则是信息的产生、获取、变换、传输、存储、处理识别及利用，并解决"控制"的实现过程这一问题。一般认为，1948年香农发表的《通讯的数学理论》一文标志着信息论的诞生。信息论有狭义和广义之分。狭义信息论即香农早期的研究成果，它以编码理论为中心，主要研究信息系统模型、信息的度量、信息容量、编码理论及噪声理论等。广义信息论又称信息科学，主要研究以计算机处理为中心的信息处理的基本理论，包括评议、文字的处理、图像识别、学习理论及其各种应用。控制论的研究表明，包括自动机器，还是神经系统、生命系统以及社会系统在内的系统，都属于自动控制系统。而建立在以上控制和反馈理论基础之上，互联网生态系统得以实现自动控制与自适应。

第三节　用户要素

网民与信息生产者是互联网生态建构的用户要素。网民不仅是信息的接收者，还是信息的生产者。信息生产者一般指的是制造网络信息的主体，网络信息生产者不仅包括网民，还包括互联网内容制造商，但网民是网络信息生产的主力军。然而，个体层面的网民一般均被作为信息的受众一方（当然某些具有特殊意义的网民个体除外），而群体层面的网民因其数量优势，能对某些决策产生影响，从而具有了舆论的威权。个体网民是构成群体网民的基础，网民群体性为是个体网民行为的集合。例如，北京大学新媒体研究院实施的"社会化媒体用户行为调查"，其目的就在于了解网民舆论参与行为基本特征，总结并探寻规律，最终对研究网络舆论生态机理研究奠定基础。研究具有代表性的网民群体，收集某些具有舆论引导作用的网民行为数据可以对整个互联网舆论生态特征进行一个宏观的调查与分析，从而对未来网民行为趋势以及网民舆论发展态势进行适当预测与推理，有利于预防网络不良事件的发生并减少因此引发的不良社会影响。

一、个体层面的网民

个体层面的网民指的是任何一个能够连接至网络的用户，既可以是自然人也可以是某一单独的组织或者机器。在一般情形下，个体层面的网民较多地用作指代单个的自然人网民，其不仅能够利用网络平台或者移动电子通信设备连接入网，并就某些网络事件发表自己的意见与看法，还能与其他网民之间分享自己的心情与想法等。个体层面的网民具有极大的自由性，这种自由不仅表现在其发表内容的广泛性，还表现在其发表时间、发表方式上的自由性。法律保护这种自由，因为言论自由一般都被各国政府写入宪法或者相关的法律法规中进行特殊的保护。个体层面的网民不仅是信息的接收者，还是信息的创造者与生成者。个体层面的网民对于整个互联网舆论生态的发展具有一定的影响力，但这种影响力必须获得群体性的支持才能被逐渐扩大进而影响整个舆论进程的发展。与此同时，个体层面的网民还极易成为互联网不良事件的受害者，因为其个体性极易成为某些网络舆论事件的攻击者。整体来说，个体层面的网民具有灵活性与自由性，既是内容的受众也是内容的生成者与创造者。

二、群体层面的网民

在互联网舆论生态环境之下，网民通常被指称为一个群体，而当网民数量达到一定数量之时就能对整个互联网舆论态势产生影响力与威慑力。人是社会属性的动物，我们都从属于群体，并通过观察周围人的行为来获取如何行动的提示；对于个人层面的网民而言，群体层面的网民是他的参照群体，参照群体对个体的评价、追求或者行为有明显的影响。[①] 根据中央网信办协调局与北京大学新媒体研究院合作项目"中国网民网络参与行为研究"的抽样调查结果显示，网络的便捷和开放性使我们能够在网络上畅所欲言，针对任何话题发表自己的看法。相对于个人和他人的私事，网民更倾向于在网络上讨论某一公共话题。而公共话题的探讨又集中在某一小众化的群体中。社会化媒体的快速发展使得传播受众的大众化逐步向小众化和圈层化发展。小众化是指一群拥有同样爱好的粉丝们自发建立起小型社交网络。近年来，这种基于社会化媒体的小众化趋势更加明显。微信公众号、朋友圈的广泛应用，微视频社交风起云涌，美拍、抖音等 APP 领跑短视频社交新格局，分享、互动、交友构成视频应用的三大综合社交模式。随着 4G、5G 网络及各种可穿戴设备和视频社交的发展，小众化自媒体将获得更大发展空间。

这种依托社会化媒体的小众化传播方式重新解构了大众传播的范式，也将带来网络舆论生态的迭代更新。舆论的形成更加依赖于朋友关系，从而一定意义上解构传统的精英语境。社会化媒体更像是一个话语表达的"集市"，任何个人、组织都可以方便地互动交流，自由地发表言论，在这个集市中，激荡着各种不同的观点，主流观点的脱颖而出源于自组织的结果。

不同的兴趣、话题等将网络用户聚集，形成有共同语言的圈层，圈层既强调共同语言，也为个体施展个性提供场所。

---

① 参见［美］迈克尔·所罗门：《消费者行为学（第 12 版）》，杨晓燕等译，中国人民大学出版社 2018 年版，第 286—288 页。

三、信息生产者

网络信息生产者通过多种途径从外界摄取信息,结合自身所拥有的信息,进行信息生产,将生产出来的信息传递到网络信息生产终端进行发布。网络信息生产者也不断接收网络信息生产终端传递回来的反馈信息。现代社会因互联网技术的发展而更加联系紧密。网民利用各种网络应用创造专属于自己的音频、视频及其相关内容并进行传播,这些用户生成的内容不仅为网民展现个人才华提供了自由的平台,也在不断丰富着网络文化的内涵。但与此同时,经由网络而传播的信息与言论潜在地影响着个人的兴趣爱好、社会群体的利益取向乃至引发文化冲突。更为甚者,网络用户传播的某些内容甚至可能引发国家政权的动荡。鉴于网络传播内容对文化的深刻影响,国家与社会对网络内容规制的问题也越加关注。在开放的网络平台环境下,任何人都有可能成为信息的生产者。网络内容制造已经不再垄断于某些传统的媒体手中,只要能连接上网任何人均可以成为网络信息的制造者。从信息生产者的主体形式来看,既可以是自然人,也可以是法人或非法人组织。网络用户生成内容(UGC)服务机制的提出在对网络内容生成者提供保护的同时,也对传统的知识产权制度以及文化自由传播制度等产生了冲击。信息生产者的广泛普及显然有利于文化的广泛传播与交融,但必然也会对某些具有显著贡献的内容制造者的权益产生一定的影响。

(一)自然人

网络自然人用户既是网络内容的创造者,又是网络活动的主要参与者。人与人类社会均建立在文化及其物质联系网络之中。人们所遇见的各种文化产品、所使用的各种工具以及所参与的各类社会机构均会对其信念、目标与能力产生影响。而与此同时,借助于人与人之间相互联系的网络,文化产品也能成为产业新型的财富资源,而每一个普通的网络自然人用户均能成为生产者。这也就为网络服务提供者与政府协商提供了更多的筹码,即借由其强大的舆论影响力来影响政府的决策。自然人网络用户具有能动性与灵活性,其思想也具有多样性,因而是网络信息生产的重要组成部分。

(二)法人

与自然人网络信息生产者相比,法人信息生产者更具规模性与体系性。事实上,传统的内容制造商就是比较典型的法人信息生产者。网络媒体的发展滋生新的生产者——内容制造商,他们负责制造特定的舆论内容或通过综艺节目或通过影视节目等形式来进行传输,从而影响整个舆论态势。法人信息生产者的规模一般比自然人信息生产者的规模要更大,其资金实力与舆论影响力也更加雄厚。与此同时,网络内容制造商一般与网络服务提供商具有千丝万缕的联系,后者可以利用其服务提供的垄断性而对前者的内容进行约束,进而左右整个网络舆情发展。

(三)非法人组织

非法人组织指的是除法人组织之外的机构,其一般不以营利为目的,而是类似于一种公益组织。非法人信息生产者也具有一定的规模性,但其不营利的特性使得其更受受众的欢迎。非法人信息生产者一般会制定一定的基本规则以约束其行为。例如,"为 UGC 服务"是一个由业内领先的商业著作权所有人、网络服务提供者协商制定的基本原则,其主旨是"促进创新、鼓励原创、阻止侵权"。网络服务提供者主要是提供用户上传或者用户生成的音频与视频内容服务的网络服务提供商与内容提供商,如 MSN、Myspace、Dailymotion 等,而不包括浏览器、搜索引擎以及其他小应用程序。我国的优酷视频服务提供商也宣布支持"为 UGC 服务"的原则。在本质上,该原则为网络服务提供者设定了四个方面的义务:一是要求网络服务提供者及时清除其所提供的 UGC 服务中所产生的侵权内容;二是鼓励用户上传完全原创或已经获得授权的用户生成音频与视频内容;三是支持合理使用 UGC 服务中的版权内容;四是保护用户隐私的法律利益。①

---

① Cf.Principles for User Generated Content Services,http://www.ugcprinciples.com,查询日期:2022 年 5 月 5 日。

第四节　社会要素

社会要素是互联网与现实的接口,是互联网的外延。互联网生态的建构、运行与社会环境密切相关。在宏观层面,互联网改变了整个社会的秩序结构,改变了整个社会的运行方式;在微观层面,互联网也在不断改变每个人的生产生活环境,并进一步影响人民的思维方式。互联网生态秩序受到宏观的社会文化背景影响,但同时也在不断冲击着整个人类社会的文化发展、社会治理等各个领域。根据网络运行的基本结构,发生在网络空间的行为主要包括网络接入行为和网络数据的传输、交换、存储与接收行为。互联网生态管理也主要围绕以上行为进行,即分别为网络接入审查(包括网络服务提供者的市场准入、网络用户的网络接入审查登记等)、网络内容监管(包括针对网络服务提供者的网络产品与服务的监管,如《网络产品和服务安全审查办法》主要针对的是网络用户上传下载网络内容的监管)等。互联网生态治理过程中的管理者一般分为两类:一类是公权力监管者,代表者为政府及其授权机构等;另一类则是代表私权力的管理者,如自发形成的行业监管协会等。

一、互联网生态监管的社会主体

公权力机关(主要是政府及其机构)是互联网监管的主体。但在网络空间,尤其是在网络内容监管领域,网络服务提供者是互联网空间中实际上的把关人。"私人主体能否成为网络空间的监管主体""私人主体在网络空间中的监管地位""私人监管权限的范围以及监管的适当性与合理性"也成为争议的焦点。对于"私人主体能否成为互联网监管主体"这一问题,网络服务提供者已经控制了"网络接入""网络信息传播""网络基础设施"等重要的市场资源,已经成为事实上的监管者。这是互联网监管过程中不能忽略的现实。H.H.Perrit 定义了四种情形下的规制:一是公共机构授权或者认同私人机构规制的情形；二是所有市场主体事实上认同公共机构的规制或者同意将其权益让渡给公共机构的情形；三是受影响的市场主体满意私有规则及其适用以致于其不再具有动力去寻求政府的干预；四是私人机构控制了重要的市场资源。显然，网络服务提供者的规制地位获得属于第四种情形。[1] 但除了与占有重要的市场资源有关之外，私人主体的监管地位还与他们所施加于网络用户之上的监管措施性质与强度有关。因而，评价一个私人主体的监管行为效力，取决于其行为后果是否与法律规范中所设定的监管目标相符，但现实情形是暂时还没有一个专门的机构来监督、评价私人监管行为能否达到合理的水平，且私人监管的主要目标常常侧重的是预防并减少损失，而不是使受害者得到权利救济。因此，私人主体的互联网监管行为最好是在公共权力机关的监督之下进行，这才是最佳的监管实现路径。

具体来说，公共权力机关介入私人监管的方式主要有两种：一种是通过制度化的法律明确互联网私人监管权限的获得方式、私人监管程序以及私人监管责任的承担；另一种则是通过提供丰富的奖励政策支持，来激励市场主体自主实施监管行为，例如提供资金支持与后勤保障等。[2] 第一种方式较之第二种方式更为直接与正式，私人主体必须获得政府的授权、批准、审批等才能获得法律上的认同，从而取得监管权限；而第二种间接方式更为柔和，但激励措施能否奏效还与政府是否设定了监督机制密切相关，因为私人主体还有另外一种身份，即作为企业、公司的市场主体。占产业主导地位的公司只有在其认为规制行为能实现互利共赢的情形下，才会自愿遵守规制标准，并接受来自产业内部的监管约束。而一旦监管有可能侵害其市场利益，企业往往首先考虑的是自身利益而非公共利益。因而，政府必须对私人监管进行有效的监督。

---

① Cf. H. H. Perrit. JR., Towards a Hybrid Regulatory Scheme for the Internet, University of Chicago Legal Forum, 2001, pp.215-322.

② Cf. Abraham L. Newman & David Bach, "Self-Regulatory Trajectories in the Shadow of Public Power: Resolving Digital Dilemmas in Europe and the United States", in *Governance: An International Journal of Policy, Administration, and Institution*, Vol.17, No.4, 2004.

然而,无论是第一种方式还是第二种方式,政府在互联网监管过程中始终都在发挥着重要的作用。第一种方式中,政府扮演的是制裁者与处罚者的角色,而第二种方式中,政府扮演的是促进者与推动者的角色。从这一角度来看,尽管私人主体在事实上占有了重要的市场资源,并可以采取技术性措施对网络用户的行为进行监管,但其并不构成互联网监管的主体。因为私人主体所获得的权限来源于政府的授权、批准与许可,而私人主体的监管地位也与政府的授权、批准范围密切相关。

二、互联网生态监管的阶段与过程

依据网络运行的一般阶段(详见图 3-2),互联网管理的过程主要包括三个部分:一是网络接入许可;二是网络内容监管;三是网络数据监管。其中,网络数据监管是三者之中最为关键的部分,它不仅涉及网络空间安全秩序的维护,还涉及网络主权等多个领域的关键问题。在网络接入阶段,由于网络接入点具有开放性的特点,网络用户可以通过不同的渠道连接进入网络空间,监管部门不可能限定网络用户必须通过何种渠道接入网络,但可以通过对用户接入网络设置条件来进行监管,如进行实名登记以便于网络识别用户的年龄、性别等个人信息。然而,这种监管方式效果的取得有赖于网络用户的自觉。要实现这一目标最好的方式就是对提供网络接入服务的网络服务提供者、上网服务经营者设定行为准则,迫使其对网络用户的接入行为进行监管,如我国法律要求网吧经营者不得允许未成年人上网,否则就会采取撤销营业执照或者网络经营许可证等行政处罚措施。在网络数据传输、交换与接收阶段,政府监管的重点除了以数据为基础的网络内容之外,还有网络数据自身。所有网络内容的提供者都应接受监管部门的管理,监管部门最好采用间接的监管方式,如要求网络内容提供者对某些网络用户生成的内容进行阻挡、删除。而对网络数据的监管,必须依赖网络的基本架构才能最终实现。

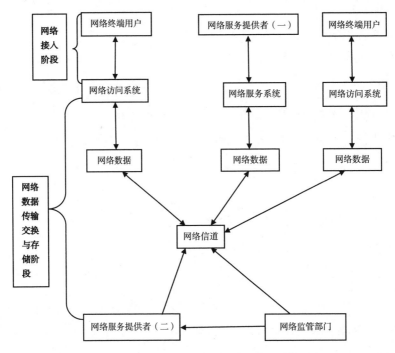

图3-2　互联网生态阶段性监管流程①

注:网络服务提供者(一)主要指的是用户界面的网络平台运营商(如新浪、雅虎、百度等网站);
　　网络服务提供者(二)主要指的是提供网络基础通信服务,并享有网络信道准入资格的电信运营商
　　(如中国电信、中国移动、中国联通等)。

三、互联网生态管理机构的设置

互联网生态管理机构是互联网生态治理的核心,也是互联网生态治理的
"大脑"。对于各国来说,设立专门的互联网管理机构,进行体制化、系统化的
治理格局设计是互联网管理的重要一步。例如,美国、英国、德国、日本、新加
坡和越南等国家都设立了专门的管理机构,来对本国的互联网平台、机构、网
民等进行监管。中国互联网的监管亦是多方面的,但监管主体和层级逐渐清

① 参见谢君泽:《关于〈网络安全法(草案)〉的几个问题思考》,《中国信息安全》2015 年第
8 期。

晰。在我国,互联网管理机构是中央网络安全和信息化委员会,是中国最高级别的网络治理机构。其办事机构即中央网络安全和信息化委员会办公室,由国家互联网信息办公室承担具体职责。

四、从互联网监管到互联网治理

与互联网监管相比,互联网治理的主体(包括政府、社会公共机构以及行为者等)更为广泛。政府并非唯一的互联网治理主体。这意味着能实现治理效能的并不仅限于政府的权力,实现治理的手段也不仅仅依靠政府发布的有关政策文件,而是强调各个社会公共机构等多方主体的共同行动。互联网生态治理亦不例外。互联网生态治理集合国家与公民合作、政府与非政府组织合作、公私机构合作等多种合作模式。① 互联网治理战略是为彰显网络空间治理理念、贯彻网络空间治理思想所确立的战略目标、战略举措和战略保障。② 我国在网络空间治理领域推行了一系列的战略谋划、战略决策和战略部署,以实现互联网监管到互联网治理的过渡(详见表3-1)。

表3-1　我国推进互联网监管到互联网治理转变的重要部署

	名称	内容	作用及影响
1	网络强国长期战略	2014年2月27日,习近平在中央网络安全和信息化领导小组第一次会议讲话中,提出建设网络强国的目标,并指出"建设网络强国的战略部署要与'两个一百年'奋斗目标同步推进"。2015年10月,党的十八届五中全会正式将"网络强国战略"写进《中共中央关于制定国民经济和社会发展第十三个五年规划的建议》。2016年4月19日,习近平在网络安全和信息化工作座谈会上提出"树立正确的网络安全观"。2019年9月,习近平专门对网络安全工作作出"四个坚持"的重要指示。	顺应信息化、网络化的世界发展前景。

① 参见俞可平:《全球化:全球治理》,社会科学文献出版社2003年版,第8页。
② 参见黄庭满:《论习近平的网络空间治理新理念新思想新战略》,千龙网,http://china. qianlong.com/2016/0926/964977_10. shtml,查询日期:2022年5月5日。

续表

	名称	内容	作用及影响
2	"互联网+"战略和大数据战略	"十三五"规划纲要对"互联网+"行动计划、国家大数据战略作了部署。"十四五"规划提出建立高效利用的数据要素资源体系。	为我国抢占世界科技革命先机、打造经济社会发展提供优势。
3	传统媒体和新兴媒体融合发展战略	2014年8月，中央全面深化改革领导小组第四次会议审议通过《关于推动传统媒体和新兴媒体融合发展的指导意见》。为落实媒体融合发展的战略目标，2020年8月国家广播电视总局办公厅发布《广播电视和网络视听大数据标准化白皮书》，旨在推动媒体融合高质量发展。	构建舆论引导新格局、巩固壮大主流思想舆论阵地。
4	世界互联网大会	2014年，中国在网络空间治理领域作出政治创新，倡导并举办世界互联网大会，每年举办一届，至2021年，中国乌镇已成功举办八届大会。2022年7月，作为国际组织的世界互联网大会成立，总部设在北京。	引领全球网络空间治理创新、推动构建全球网络空间治理新格局、凝聚共识共同应对互联网挑战、让互联网造福世界、彰显互联网大国担当。
5	互联网治理专项行动	2015年11月起，党政机关、事业单位和国有企业互联网网站开展安全专项整治行动。2016年12月起，开展互联网基础管理专项行动工作。2020年8月，教育部等六部门联合开展未成年人网络环境专项治理行动。2021年至今，多部门联合开展"净网""清朗"等系列专项行动。	以某个网络领域为重点对象，多部门联合行动，在短期内取得较大成就。

第四章　互联网生态的结构形态

互联网生态由不同的互联网系统构成,而互联网系统则由各个要素构成。狭义上的互联网生态治理仅仅指法律法规,广义上的互联网生态治理可以涵盖文化、社会等各个不同领域。互联网生态系统需要不断进行互动、需要得到广泛的应用。互联网生态系统依托于网络空间,且以信息为核心要素,其基本结构形态既包括物理层级形态,又包括信息链等虚拟形态。再融合信息主体因素、信息传递客观环境等因素,互联网生态系统最终形成一个生态圈层。信息是互联网生态系统的基本构成元素,信息链则类似于互联网生态系统的骨骼结构,而互联网生态圈层则属于互联网生态系统比较高级和复杂的结构(详见图 4-1)。

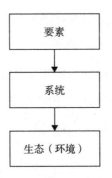

图 4-1　要素、系统与生态(环境)的关系图

第一节 互联网生态的物理结构形态

互联网生态建立在网络空间之上,需要现实中的物理基础设施作为基本的硬件支撑,还需要软件设施来运行。互联网的网络层级结构一般包括内容层、应用层、传输层、协议层、链路层、物理层等。互联网生态系统依托于互联网,因而互联网生态的物理结构形态也是建立在网络层级之上。肖恩·赖利在 2014 年发表文章,将网络生态描述为一个十五层的模型。① 互联网生态系统的物理结构形态应当与网络的基本层级保持一致。不同层级之间的信息传输均需要通过协议来进行,不仅有垂直方向的数据传输与交换,还有水平方向的数据传输与交换。每个网络层级之间的数据交换都有其特定的功能设定,只有当下层的功能实现之后上层网络的功能才能够得以实现。分层的网络架构以 TCP/IP 协议为核心,透明性是该网络架构固有内在的特性。

互联网生态的物理结构形态也会随着网络技术的发展而不断发生演变。人工智能技术(AI)的发展也对互联网生态的物理结构形态产生影响。人工智能是一种人工所创造的智能,其本质就是应用计算机的软硬件来模拟人类某些智能行为的基本理论、方法和技术。因而,与传统的互联网生态物理结构形态相比,人工智能技术影响下的互联网生态既包括人工方面的内容,又包括智能方面的内容,还应当包括如何将人工与智能进行融合这一方面的内容。也就是说,除了传统的计算机硬件与软件设施这一基本的物理基础设施之外,还应当有与人工智能相匹配的技术性内容的存在。美国温斯顿教授持相同观点,他认为:"人工智能就是研究如何使计算机去做过去只有人才能做的智能

① Shawn Riley: What is a Cyber Ecosystem?, http:// https://cps - vo. org/node/11416? msclkid=0e7e5021cd1d11ec8844b2b2281d45d4,查询日期:2022 年 5 月 5 日。

工作。"①人工智能是研究人类智能活动的规律,构造具有一定智能的人工系统,研究如何让计算机去完成以往需要人的智力才能胜任的工作。② 人工智能核心技术主要包括计算机视觉、机器学习、自然语言处理、机器人和语音识别这五大核心技术。③ 与之相适应的是,人工智能就是要让机器也能够具备如同人类一般的自主思考能力、逻辑判断和情感能力。人工智能正在众多实践领域发挥着重要作用,首先,在疾病诊断领域,算法可以为医生提供诊断用的辅助材料,这远远比人工判断的准确度更高;其次,在诉讼领域,人工智能可以在短时间内对海量证据作出评判,大大节省了司法工作者的时间;最后,在音乐艺人发掘领域,人工智能通过试听乐曲发掘有巨星潜力的艺人。④

第二节　互联网信息生态链

信息是互联网生态的核心要素,信息主体与信息环境等因子则是互联网生态的其他构成要素。信息链是一种客观的信息链接,连接的是不同的信息主体,传递的是纷繁复杂的信息内容。媒介生态结构中的信息链实质上是由于资源和功能的关系在媒介中所形成的一种链条关系。⑤ 信息链中最为主要的资源为信息资源,而信息链的基本物理形式是在各个网络层级之间进行传输与交换的数据,这种传输形式既有垂直方向的链接形式,也有水平方向的链接形式。由于网络层级相分离原则的要求,低层级的网络不会在收到的上层

---

① 参见张善信:《人工智能课题及其认知意义》,《中国矿业大学学报(社会科学版)》2001年第1期。

② 参见母晓科等:《浅析人工智能与专家系统》,《电脑知识与技术》2009年第7期。

③ 参见房超等:《基于比较分析的人工智能技术创新路径研究》,《中国工程科学》2020年第4期。

④ 参见[日]加藤埃尔蒂斯聪志:《机器脑时代:数据科学究竟如何颠覆人类生活》,袁光译、徐颖审译,中国人民大学出版社2019年版,第27—28页。

⑤ 参见邵培仁等:《媒介生态学——媒介作为绿色生态的研究》,中国传媒大学出版社2008年版,第118页。

最大负荷数据中输入任何情报或者信息内容。它只是将上层最大负荷数据视为一个封装的物品,不会知道也不会想知道数据的具体内容是什么。因此,下层网络不会因为传输内容而进行有差别的对待,也不会更改数据内容。信息链的传递是一种纯粹的数据传递,在数据传输的过程中不会对原始数据的内容进行任何更改,也不能识别数据的具体内容,只有达到特定的网络层级如内容层、应用层等高级别网络时才会解读出数据以供信息主体识别。

由此可见,信息链在本质上是一种完全客观的信息链接形式。与之不同,信息生态链反映的是信息主体、信息环境等因素之间的交互关系。信息生态链需要有信息链作为基础,但是也融合了信息主体的主观意识以及信息环境因素的考量等。信息主体的主观意识会通过信息生态链得以传递,信息主体之间的信息传递是一种带有主观意识与主观思想的传递,信息生态链更多地反映的是信息主体之间的社会关系。

信息生态链理论认为,信息生态链是存在于特定的信息生态中的、由多种要素构成的信息共享系统,其中包含了信息、信息人和信息环境这些构成信息生态的基本要素,是信息生态的集中体现。① 这种视角下,网络信息成为网络生态中最核心、最具研究价值的部分,信息流被视为一种能量流,其存在和流通盘活了网络生态系统。与此同时,另外一部分学者则跳出了网络生态内部结构和运作模式的束缚,开始着眼于将网络生态作为一个整体,研究其与周围其他社会环境的关系。有学者提出:所有影响网络发展的其他社会系统构成了网络发展的生态环境,当我们用联系发展的眼光分析网络与网络生态环境之间相互作用、相互影响时,便形成网络生态。②

网络信息生态链的形成与演进遵循着一些基本规律。一些学者从博弈论的视角来分析网络信息生态链的兴盛与演进,认为影响网络信息生态链的机制包括选择机制、扩散机制与协同机制,选择机制通过信息人的活动来实现,

---

① 参见韩刚、覃正:《信息生态链:一个理论框架》,《情报理论与实践》2007年第1期。
② 参见张庆锋:《网络生态论》,《情报资料工作》2000年第4期。

扩散机制的活动范围则是由单一的个体信息人逐渐扩散至整个网络群体,协同机制是信息生态链最终得以形成的关键,是由量变向质变转变的一次飞跃。①

第三节　互联网生态圈层

多个信息生态链之间以不同的方式进行耦合与连接进而形成了具有不同功能的生态圈层。与自然生态圈层不同的是,互联网生态圈层不是建立在食物链这样比较简单的关系网之上,而是建立在更为复杂的社会关系网之上。除了能反映现实社会中的关系网之外,互联网生态圈层还能反映出特定的网络虚拟关系网。网络空间在本质上是一种社会空间,而社会空间的形成核心又在于社会关系网,因此互联网生态网络关系在本质上也是一种社会关系。但是这种社会关系既有现实社会关系的特征,也会表现出某些虚拟关系的特征。例如,某些网络用户在网络上可以同时拥有多个虚拟身份,进而能够与他人形成多种社会关系。互联网生态圈层就是以上社会关系的集中体现,在本质上就是一种社会关系网的耦合。根据互联网生态圈层的功能与内容不同,互联网生态圈层包括文化圈、政治圈、经济圈等各种不同的生态圈层。

互联网生态圈层在实质上是一种社会关系圈层,是人们社会关系在网络空间的体现。信息将互联网上的各个要素联结在一起并发生作用,进而形成一定的社会关系链,而各种社会关系链又在环境因素、主体因素、信息因素的影响之下形成具有独立特征的新的社会关系圈层。诸要素之间的交互作用才能最终形成互联网生态体系这一整体。与此同时,互联网生态圈层也是一个复杂动态的体系,而环境因子、主体因子与信息因子等要素之间相互协调与作用又共同确保其得以整体运行。例如,互联网政治生态系统各要素之间并不

---

① 参见杨瑶:《网络信息生态链的演进机理与发展策略研究》,武汉大学出版社 2016 年版,第 26 页。

是割裂的,而是产生着交互式的影响。

从生态系统结构形态的角度来看,整个互联网生态系统的结构可以从互联网组分结构、互联网时空结构、互联网能量循环结构三个方面来剖析,如图4-2所示:

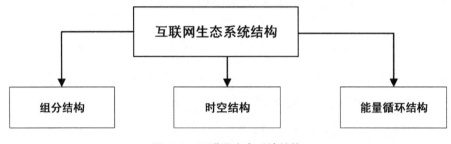

图4-2 互联网生态系统结构

互联网组分结构是用于剖析互联网生态的构成元素及其元素之间相互关系的一种作用结构。比照自然生态系统的层级结构,即"个体——种群——群落——群体"结构,网络生态的主体也可以分为多层级,互联网个人用户或由多个自然人组成的互联网团体用户(如多人运营的微信公众号、家庭式网店等)相当于自然生态系统中的"个体",不同的个体凭借相同的话题形成社群。互联网生态系统的层级结构与自然生态系统中的种群生态位是一致的。种群生态位包括大量资源整合以及对成员使用和维持资源的约束,根据社会结构理论,种群生态位是各种受不同约束的关系模式,这些关系为维持种群生产提供资源。① 因此,种群生态位相当于互联网生态系统中结构等位的网络角色。互联网生态系统中的个体是具有社会属性的,社会属性的产生需要一定的社会条件,而社会属性与自然属性的不同之处在于,社会属性是动态变化的,自然属性是个体固有的,不会轻易变化的,因此个体之于社群而言是流动性的,个体不固定属于某一社群。社群与种群的区别在于社群是个体随机自

---

① 参见[美]罗纳德·S.伯特:《结构洞:竞争的社会结构》,任敏等译,格致出版社、上海人民出版社2017年版,第214—215页。

然聚集而成的,种群是严格学理分类的产物,因此社群与社群之间允许存在交叉重叠关系,而种群则彼此之间有较为清晰的界限。

互联网时空结构可以从空间尺度、时间尺度以及时空同域这三个方面来剖析。一是从空间尺度上剖析网络生态在地理空间上的分布特征、差异性、区域的均衡性等特征,分析这种特征与人口、经济发展之间的关联性,将网络生态与社会生态、经济生态的发展勾连起来。二是从时间尺度上剖析网络发展演化更替的规律、特征,比如网民的演进、网络技术的变迁、网络应用工具的演进等等。三是从时空同域的视角来分析,运用动态可视化的方法将时间、空间同时展示。2016 年,伴随着以"快手"为代表的短视频平台兴起,代表着中国乡土文化的"土味"内容开始在网络上延伸。"土味"短视频并非在短视频平台拔地而起,而是聚集在短视频平台而爆发了一场"土味"文化与"精英"文化的挑战。在空间尺度上,"土味"短视频的生产者在地域结构中主要以生活节奏缓慢、人均收入不高的三四线城镇青年为主,表演者无论从衣着、形体、口音、表演手法、拍摄环境、表演主旨等都具有浓重的地域性,这种高浓度的地域特色内容通过打破地缘禁锢的互联网进入信息流通领域,实现价值添附。"土味"网络文化生态与所在地域的经济生态发展状况紧密相关,"土味"网络文化也是精英化、精致审美高度内卷的社会生态之下互联网内容消费者的内心需求。在时间尺度上,回望过去,"土味"网络文化成功唤起了中华民族不久以前的乡村历史记忆;展望未来,农耕文明一边被工业文明淘汰,一边转化为可贵的精神文明。"土味"网络文化开启了彰显自我的流行文化二次创作,粗糙简陋的"土味"文化也通过创作修饰,与想象中的淳朴宁静的乡村图景实现融合,实现"土味"文化与主流价值互动共生。在时空同域层面,直播带货服务实现了时间空间的同时展示,为本来"土味"短视频对农产品和手工制品的可视化展示增加了互动性和娱乐性,最大化帮扶用户脱贫致富,吸引青年才俊返乡创业,促进乡村经济发展,实现乡村振兴发展。"土味"直播带货形成的全新网络生态打破了圈层限制,缓和了价值与利益的分化,实现了与社会生态、经济生态的共生共存。

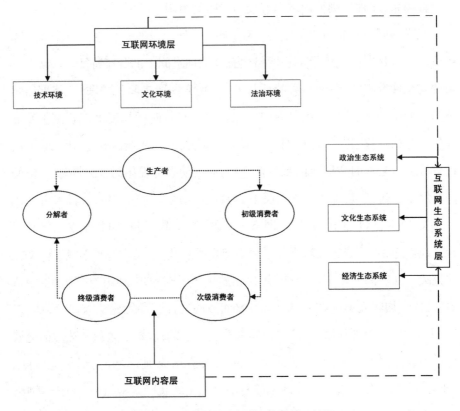

图 4-3　互联网生态系统:能量循环结构

　　网络能量循环结构描述的是网络生态中各个主客体之间如何进行交互作用,以及在这种交互作用下信息、知识、数据等如何进行循环作用。如图 4-3 所示,这个结构包括三个层面:一是环境层,环境层包括技术环境、文化环境和法治环境。环境层为内容层提供物质支撑和体制保障。二是内容层,内容层包含了互联网内容的生产者、分解者、初级消费者、次级消费者、终级消费者,以及他们之间互动关系,从而整体上形成能量循环。三是基于环境层和内容层形成的互联网生态系统层,具体可分为互联网政治生态系统、互联网文化生态系统、互联网经济生态系统,这些系统之间虽然彼此不同,但也有交叉关系。

第四节 我国互联网生态的形态与特征

在改革开放的大背景下,中国与世界的联系日趋密切,互联网的出现与中国接入互联网正是这一阶段的发展使然。随着技术深入现实生活,中国互联网生态演进生成独特的形态特征。本节对当前中国互联网生态的特征进行整体概述,再具体分析当前中国互联网生态。在整体特种框架下分别遵循制度、技术、用户三个视角对中国网络生态的特征进行总结分析。

一、我国互联网生态的整体形态

中国网络生态整体呈现层级构建,遵循政策、平台、用户、技术四类主体,由上至下组合成中国网络生态的面貌:互联网政策制度的出台为中国网络生态构成顶层设计,这其中既包括针对基础设施建设的保护与发展,也有基于技术形成的互联网创新业务的鼓励与规制,尤其是近年来以平台为主导的互联网应用的高速发展,这在一定程度上也增加了生态的复杂性,政策、技术、用户借助平台多方参与,其间关系相互博弈,加速资本等各类要素在生态中的流动。用户是中国网络生态重要的构成部分,用户的互联网使用虽然受到政策、技术设计的影响,但自身能动性体现在用户创造内容,这一环节不仅对平台外部环境有影响,也对大的舆论环境产生影响。除此之外,用户群体产生聚集,通过平台不断发声,以此形成聚集,形成圈层化的结构。因此在对中国网络生态整体形态进行研究时,还应该认识到用户与企业平台在网络生态中的行为导致的种种问题,这些也成为生态中持续发酵、产生影响的重要组成部分。

必须注意的是,互联网生态环境从不是个封闭组织,它不断吸取外部要素进入网络生态中,并与自身要素相结合,发展出新的主体。新主体在沿袭既有逻辑的基础上与网络空间的原生要素进行结合,在宏观生态框架下形成小生态。这其中已形成可运作产业链的网络平台的生态成为网络空间小生态的重要表现形式。在以平台为核心的生态空间中,用户、内容提供商、营销商与平台发挥各自作用,形成一套自有循环。当前,我国互联网生态整体较为清朗,但仍然存在一定管理风险。具体主要表现在以下几个方面:

第一,开创网络生态治理新格局。中央网信办成为我国网络生态环境治理的总中枢,国家对网络生态环境的把控力和管理能力得到有效加强。英国《卫报》于 2016 年 5 月 29 日刊登一篇文章称赞中国网络的管理方式,认为中国解决了一个其他任何政府都没有解决的问题:如何控制、管理和驾驭互联网。文章指出,中国在互联网管理方面拥有一套比西方所认为的更加细致而富有洞察力的管理方式。美国哈佛大学社会学教授哈里·金等学者也认为,中国领导层懂得、重视互联网在经济现代化中扮演着关键角色,互联网同时还能增进百姓福祉。

第二,互联网主流信息趋于正面,网络正能量勃发。国家较好地掌握了互联网舆论阵地,主流媒体网站和新浪、搜狐、网易、腾讯、凤凰等商业网站牢牢把握了信息生产环节,尽管论坛贴吧、社会化媒体等以用户生产内容为主的信息阵地情况复杂,但总体而言主流清朗可控。

第三,网民素养有很大提升,网民态度更加负责和理性。当前,我国网民整体表现出较高的文化水平和爱国热情,安全意识、明辨是非能力显著增强,网民对网络意见领袖的态度更加审慎,能结合自己的思考下判断。

第四,社交媒体热开始慢慢平复,新闻客户端成为传播"新思想"的重要载体,能否形成舆论磁场效应还有待观察;微信在营销号的强势带动下,利用"人人有手机"的特性,成功打通了舆论场的"最后一公里",对政治生活秩序和社会稳定的影响与日俱增。

第五,圈层化传播新形态的出现带来新的管理风险。微博和微信已经成为人们日常生活的一部分,自媒体和圈层化属性一定程度上正在重塑网络生态。网民倾向于选择跟自己观点和态度接近的信息,并将自己的理解、解读和评论反馈到网络中,微博和微信等社会化媒体使网络舆论波涛汹涌,这给网络生态治理工作带来了很大的不确定性。

互联网生态是一个具有复杂适应性特征的动态生态系统,中国互联网生态在发展中不断吸收、演化,并在内外部环境的共同作用下不断丰富网络生态中的各个主体及其要素,因此在对互联网生态特征进行相关研究时,必须结合社会环境变化与技术本身不同阶段的发展,对互联网生态进行考量。

改革开放成为中国社会的转折点,思想层面的解放为信息技术相关构想的传播提供土壤。以丹尼尔·贝尔、纳斯比特为代表的未来学科学家们在20世纪70年代已对信息社会提出诸多设想:未来社会将围绕信息技术对传统社会进行全面改造,人类个性依托信息技术得到释放,以个体为单位的社会组成将利用技术创造更多可能性。[①] 这类推测在代表自由、平等、去中心化的互联网普及后逐渐得到印证,尼葛洛庞帝的《数字化生存》把更为具象的互联网应用场景带入公众视野,应用信息技术从事信息传播、交流、学习、工作等活动。[②] 2001年中国加入世界贸易组织,庞大的消费市场由此打开,中国进入全球化产业链。"入世"以后,中国逐步开放互联网服务的大部分领域,美国公司可以在中国投资互联网公司,包括内容供应业务,也享受进口关税优惠。在与世界的交流过程中,互联网成为连接东西双方的重要途径。一方面,国外诸多信息产业巨头如雅虎、谷歌进入中国,以投资、合作等方式展开在华业务;另一方面,美国成功的信息产业模式被充分学习,"Copy to China"成为当时中国信息产业创业的重要途径。在宽松经济环境的大背景下,互联网产业迅速崛起。

中国在1993年提出建设"三金工程"以促进互联网基础设施搭建,1994年接入第一根网线宣告互联网在中国生根落地,1996年全国范围的公用计算机互联网络开始提供服务。技术要素首先进入网络生态中,以基础设施的形态形成主体;由互联网自身催化的信息产业首先崛起,随后SP业务帮助中国

---

① 参见[美]丹尼尔·贝尔:《后工业时代的来临》,新华出版社1997年版,第21页。

② 参见[美]尼古拉·尼葛洛庞帝:《数字化生存》,胡泳、范海燕译,电子工业出版社2017年版,第180—202页。

互联网企业从泡沫中复苏,信息业务成为重要构成部分。随后,利用互联网技术的即时通信业务迅速崛起,并成为社会化媒体重要组成部分;平台化的搭建帮助 Web2.0 时代的到来,用户创造内容的模式使得生态中主体的倾斜权重发生变化,从一系列网站转变到一个成熟的为最终用户提供网络应用的服务平台。

随着互联网产业在中国的高速发展,政府亦有相应的法律法规出台,从互联网基础设施到互联网信息服务都有相关管理办法,并随着生态要素不断更新逐步呈现出制度体系化的特征。政府自身也在信息技术的推动下建设数字化政务工作平台,从顶层带动网络生态流动。

在内外部环境的共同作用下,中国网络生态逐步形成,同时中国国情所具有的特殊性赋予中国网络生态本土化的特征。中国社会经济发展状况以北京、上海、广州、深圳为中心向周边辐射,形成京津冀经济圈、长三角经济圈、珠三角经济圈,互联网产业在此经济发展地带中形成自身产业聚集,以互联网行业巨头聚集的北京、杭州、深圳成为发展重点。同时,中国城市化进程加快,人才资源向产业主导城市聚集,在一定程度上导致城市间地域发展差异,从而形成以经济状况为基础条件的不同群体,如城市中产、打工族、小镇青年等。这些群体在网络空间中以信息使用行为不同的方式形成各自的小生态,各具特色。

二、制度特征:政策体系确定顶层设计

1994 年 4 月,我国实现与国际互联网的全功能链接,标志着我国互联网正式与国际接轨。行业发展与政府监管总是相伴相生,中国互联网从起步至今,国家对于网络生态的治理也在不断完善的过程中,出台了一系列法律、行政法规、政府文件等,一是为了解决网络生态中出现的各类问题,如国家信息安全问题、搜索引擎存在的非法竞价排名问题、网络直播乱象等;二是为了合理规划网络生态的发展,为打造一个平等尊重、创新发展、开放共享、安全有序

的网络生态做好顶层设计。

第一，互联网制度治理体系逐渐成形。互联网行业日新月异，为保证政府监管与行业发展的同步，互联网制度治理体系也在不断完善，形成了以网信办、工信部、公安部为主的管理体系，互联网领域立法层级提高，行政法规、部门规章、司法解释、规范性文件、政策文件等陆续出台，治理内容紧跟互联网发展的步伐，涵盖互联网基础设施、信息、平台、用户等各个方面。如信息方面，出台了对于音视频、弹幕、表情包等新型内容的治理以及对于互联网信息版权的保护；平台方面，关注的重点从门户网站转移到了社会化媒体；技术方面，侧重信息安全的保护，保护对象涵盖政府部门、国有企业、互联网企业、用户等。

在 2000 年前我国互联网治理尚处于起步阶段，最初政府制定相关政策法规主要集中在对计算机实体的管理，如 1994 年 2 月，国务院发布《中华人民共和国计算机信息系统安全保护条例》。随着互联网在中国的开通与迅速发展，1996 年 4 月，国务院信息化工作领导小组成立。同年，国务院颁布实施《计算机信息网络国际联网管理暂行规定》，被认为是我国对互联网进行管制的最早法律。[①] 1997 年 6 月 3 日，中国互联网络信息中心（CNNIC）经国家主管部门批准组建；1998 年 3 月，信息产业部成立，负责推进国民经济与社会服务信息化。进入 21 世纪后，网络环境更为复杂，在这一阶段，政府部门不仅明确了互联网顶层设计，建立和完善互联网管理机构，推进网络立法，加快网络法治建设，并将互联网清朗空间的建设理念落地实施，联合开展了"剑网""护苗"等多项网络治理活动，同时相继开通了"微政务"，快速占领互联网舆论高地，并通过互联网平台与公民建立良好的互动关系，提高上传下达的效率，提升公民参与政务活动的积极性，促进网络生态的良性发展。

2000 年被称为"网络立法年"，出台了大量的网络法规，2000 年 9 月 25 日，国务院颁布了《中华人民共和国电信条例》，首次将互联网行业归类为增

---

① 参见邵国松：《网络传播法导论》，中国人民大学出版社 2017 年版，第 9 页。

值电信业务,标志着中国互联网行业进入法制化,同年,九届全国人大常委会第十九次会议通过《全国人民代表大会常务委员会关于维护互联网安全的决定》,国务院新闻办与新闻产业部出台《互联网站从事登载新闻业务管理暂行规定》,信息产业部出台《互联网电子公告服务管理规定》。2002年,我国成立了国家网络与信息安全协调小组,这代表我国互联网制度治理对象多元,治理规模扩大,治理体系渐成。

2014年2月,中央网络安全和信息化领导小组成立,习近平担任组长,将互联网治理提升至国家战略层面。2014年10月,党的十八届四中全会审议通过的《中共中央关于全面推进依法治国若干重大问题的决定》指出:"加强互联网领域立法,完善网络信息服务、网络安全保护、网络社会管理等方面的法律法规,依法规范网络行为。"[1]这一文件的提出,为互联网法治化发展迎来了新契机。2016年,我国第一部网络空间安全领域的综合性、基础性法律《中华人民共和国网络安全法》(以下简称《网络安全法》)出台,这是我国网络空间法制化重要里程碑。

第二,《网络安全法》稳固外部环境。《网络安全法》作为我国第一部基础性的网络安全法律,明确了网络安全主权以及网络产品提供者、网络运营商、用户的安全义务,维护了公民、法人和其他组织的合法权益。这一法律的出台为加强网络空间治理,规范网络信息传播秩序,惩治网络违法犯罪提供了法律支撑,是网络安全和网络生态的有力保证。

2016年4月19日,在网络安全和信息化工作座谈会上,习近平总书记指出,"坚持政策引导和依法管理并举","要加快网络立法进程,完善依法监管措施,化解网络风险"。[2] 这一讲话快速推进了我国顶层法律制度的建立。

---

① 《中共中央关于全面推进依法治国若干重大问题的决定》,新华网,http://www.xinhuanet.com/politics/2014-10/28/c_1113015372.htm,查询日期:2022年5月5日。

② 习近平:《在网络安全和信息化工作座谈会上的讲话》,人民出版社2016年版,第21、22页。

《网络安全法》是我国第一部网络安全领域的基础性法律。其中，网络安全涵盖信息网络、信息系统、信息内容等方面的安全问题，涉及信息技术产品、信息系统规划与实施、信息网络传输、信息系统运行、信息设施应用、信息安全管理等一系列关键环节，并将网络政治、网络经济、网络文化、网络社会、网络外交、网络军事等领域的安全纳入其中。

概观《网络安全法》，主要从内容和基础设施两个维度来构建国家互联网安全治理框架，为其具体管理提供了战略性指导。在管理模式上，《网络安全法》明确了国家网信部门和有关部门在网络内容治理中作为"管理者"的主导地位，但同时也规定了网络运营者、公民个人及组织等其他主体作为网络内容治理"参与者"的义务，从而形成了"1+X"的共同治理模式。[①] 这一综合性法律的出台力图从多层次、多角度对我国网络生态的外部环境进行稳固，以此成为网络生态中的重要基础。

为了进一步落实《网络安全法》在网络内容生态领域的治理，网信办于2019 年 12 月发布了《网络信息内容生态治理规定》，使网络生态综合治理有法可依。为了保障《网络安全法》的制度落地，国务院在 2021 年 4 月通过了《关键信息基础设施安全保护条例》。在此基础之上，2021 年 11 月公布的《网络安全审查办法》则是以国家安全、国家利益为出发点，审查关键信息基础设施供应链安全中涉及的网络安全、数据安全，排除网络产品、服务以及网络活动的安全风险。

第三，多元治理凸显内部结构设想。近年来，伴随着互联网快速发展，互联网治理体系不断完善，形成政府管理、企业履责、社会监督、网民自律等多主体参与，经济、法律、技术等多种手段相结合的综合治网格局。行业自律是互联网健康发展的保障，最具代表性的是 2001 年中国互联网协会的成立。该协会由国内从事互联网行业的网络运营商、服务提供商、设备制造商、系统集

---

① 参见上海社会科学院信息研究所、中国信息通信研究院安全研究所编：《中国网络空间安全发展报告（2017）》，社会科学文献出版社 2017 年版，第 106—113 页。

成商以及科研、教育机构等 70 多家互联网从业者共同发起成立，是由中国互联网行业及与互联网相关的企事业单位自愿结成的行业性的全国性的非营利性的社会组织。自此，我国开始进入政府领导，企业、非营利组织、用户协同治理互联网的阶段，每年均有由行业发起的公约、倡导等条例发布，凸显行业自治的不断完善。如 2016 年 4 月，百度、新浪、搜狐等 20 余家直播平台联合发布了《北京网络直播行业自律公约》，快手设立了行业内首家"社区自律委员会"①。

互联网治理中的网民分为两种类型，第一种为协助互联网行业、政府对互联网进行治理，如快手设立的"社区自律委员会"邀请了用户共同参与监管，同时平台还设置了"一键举报"供用户监督使用，网信中心为广大网民设立了中国互联网违法和不良信息举报中心等；第二种是自发自律的网民，如 2008 年网民自发发布的"人肉搜索公约 1.0 版"等。但目前阶段网民媒介素养仍有待进一步提升，网民对于互联网不良信息的筛选能力不足，导致网络谣言的传播时有发生；同时网络人肉、网络骂战等暴力行为也会出现，这些行为都扰乱了网络生态的正常运行。

三、技术特征："互联网+"联动开放协作发展

2015 年 7 月 1 日，国务院印发《关于积极推进"互联网+"行动的指导意见》②，制定互联网技术帮助实现产业结构升级的相关措施，为"互联网+"行动计划的提出奠定了深厚的基础。以移动互联网、云计算、大数据、物联网等为标志的新一代信息技术对经济社会生活的渗透率越来越高，正以前所未有

---

① 《北京市网络文化协会发起网络直播行业自律公约》，中华人民共和国国家互联网信息办公室官网，http://www.cac.gov.cn/2016-04/15/c_1118637887.htm，查询日期：2022 年 5 月 5 日。

② 《国务院关于积极推进"互联网+"行动的指导意见》，中华人民共和国中央人民政府官网，http://www.gov.cn/zhengce/content/2015-07/04/content_10002.html，查询日期：2022 年 5 月 5 日。

的广度和深度,加快推进资源配置方式、生产方式、组织方式。①

从技术角度对中国网络生态的变化进行总结,大体可分为两个阶段:第一阶段,以通信为主要特征的单一组合("+互联网")阶段。传统企业利用互联网方式获取或者发布信息、完成交流沟通的通用型互联网应用,互联网企业搭建电子商务平台,融合了传统行业的零售在商贸流通领域迅速崛起。第二阶段,以移动互联网、云计算、大数据深化应用平台为主要特征的开放合作阶段。② 最终形成以信息技术广泛应用为主要特征的协同创新阶段,人、工业设备与计算机网络相连接,信息网络和设备连接设计、制造、流通、消费等经济活动的所有环节,构成以互联网为主导的空间形态。随着互联网技术与现实生活融合程度加深,"互联网+"政策指导下的网络生态开放协作发展成为重点。

依托互联网技术特征,以"互联网+"为核心的网络生态是通过连接各个产业部门,与互联网产生互动,构成反馈,最终形成融合与创新。这一视角下关注重点在于在线化(连接各方)、互动化(各方交互)及网络化(功能叠加)。"互联网+"的协同发展体系也在上述三类技术特征下体现在两个方面:一方面由互联网基础设施建设形成,另一方面是以互联网应用平台为主的要素联动。

"互联网+"是依托移动互联网、云计算、大数据、物联网等信息技术的渗透和扩散,以信息的互联互通和信息能源的开发利用为核心,推动传统产业转型升级和经济发展方式转变。中国网络生态在"互联网+"的指导下对原先传统业务在互联网技术框架下进行整合,并联动原生产业,同时伴随新技术的产生不断创新升级。

第一,互联网基础设施建设稳步发展。互联网是触发信息技术边界不断扩张,引发其基础设施跨越式升级的重要原因,目前是由"网+云+端"这三类

①　参见陈自满:《"互联网+"背景下社会救助的渐变》,《河北经贸大学学报(综合版)》2016 年第 2 期。

②　参见张梧:《"互联网+"时代的文化效应及其图景》,《北方论丛》2017 年第 5 期。

不同层次的互联网基础设施共同建设中国网络生态的底层构造的。"网"不仅作为以带宽、光纤为主的互联网,还代表新型网络范式:方便进行海量信息互联与访问的信息中心网络(ICN)、改善网络管理与网络性能的软件定义网络(SDN)、支持便捷访问与交互的移动互联网、适应工业化与信息化的物联网、面向生产的工业互联网。"云"则指云服务,包含两个含义:一是云计算,强调对海量数据的处理能力;二是云平台,强调多主体在统一平台协同发展,前者是帮助分布式硬功访问模型向集中式的云数据中心转变。"端"强调的是用户个人对智能设备的直接接触,如移动设备、可穿戴设备等,目前多个设备端在同一平台的智能协作形成以个人为核心的物联网,是这一领域发展的主要趋势。

目前上述三个层次的基础设施都在稳步向前发展中。根据第50次《中国互联网发展状况统计报告》,互联网基础资源持续发展,从 IPv4 到 IPv6,实现互联网稳步升级。从2017年6月到2022年6月,我国 IPv6 地址数年复合增长率达20.2%。与此同时,5G 建设也在推进中。而云服务除了帮助个人用户线上存储外,其计算与协同功能具体表现在工业互联网体系中,在云平台的基础上叠加物联网、大数据、人工智能等新兴技术,构建更为高效的数据采集体系,以 APP 形式为企业生成创新应用,其最终目的是为了实现"互联网+制造业"新生态。[①] 深入用户现实生活的物联网也初具规模,以小米为例,其物联网平台截至2017年末,联网设备超过8500万,接入设备超过800种,另有合作伙伴400家同时在物联网中活跃,这类以家居产品、家用电器、小型可穿戴设备为主的物联网形式以品牌为聚集,正快速扩张。由上述可以看到,中国网络生态的健康发展与互联网基础设施建设息息相关,它们为网络生态提供动力支援,每一次新技术的产生与应用都会为平台、用户带来新的冲击。

① 参见游根节:《工业互联网平台新型制造系统的神经中枢》,《通信世界》2018年第15期。

第二,互联网业务应用平台创新。中国网络生态以平台为核心不断建设、吸收内外部要素,形成产业链条,是目前网络生态运作主要方式。百度、阿里巴巴、腾讯(下文称"BAT")三大互联网行业巨头,它们通过联盟、并购、入股、业务拓展等方式建立起各自复杂的平台体系,许多产业链上下游企业、合作伙伴收购对象、用户、投资机构等利益相关者围绕核心业务,在平台里扮演着基础型企业、支配型企业、直接及潜在客户、政府媒体环境支持、战略合作伙伴、竞争对手等角色;它们依托互联网进行资源整合,通过共生依赖、伙伴依赖、竞争依赖、无效依赖的作用关系,在激烈的竞争环境中彼此依赖,交互融合,实现创新协作。①

BAT 各自发挥先前核心业务在信息服务平台(搜索)、交易平台(电子商务)、社交平台(即时通信)的优势,积极结合用户关系、垂直领域等扩大平台规模。如腾讯产品微信既有联系用户的社交功能,也内容生产、传播的平台微信公众号,还有帮助企业用户入驻的交易平台"小程序";同时微信与腾讯其他分发、支付产品如应用宝、财付通都联系在一起,形成全平台互通协作,这在一定程度上也帮助企业进行资源整合,给予产业链下游的中小企业、用户更好的体验。除了上述基于互联网环境的平台建设之外,BAT 都对线下零售业、制造业、物流业进行多方投入,由此与线上平台联动创造利益价值。如阿里巴巴的"盒马生鲜"在全国多地开设门店,其背后货物购置、流通也是阿里巴巴大平台合作的体现。

多形式内容平台的崛起也是中国网络生态中不可忽视的要素,这类平台重视用户内容生产(UGC)与专业内容生产(PGC)的结合,在传播 UGC 内容的同时,相关话题进入平台自身的 PGC 生产程序中,逐渐形成由平台自主生产受到用户关注的 PGC 内容,并延伸出其他内容产品,同时再次传播至其他内容平台。这类产业链的形成常见于视频行业,近年来网络自制剧的出现正

---

① 参见夏清华、李轩:《乐视和小米公司商业生态建构逻辑的比较研究》,《江苏大学学报(社会科学版)》2018 年第 2 期。

是这一平台的产物,其后续带动内容流量、周边产品等相关要素陆续进入平台中,形成自给自足的内容生态闭环。

四、参与特征:个体集聚呈现圈层化效应

据中国互联网网络信息中心公布的第 50 次《中国互联网络发展状况统计报告》,2022 年 6 月,我国城镇网民规模达 7.58 亿,占网民整体的 72.1%;农村网民规模达 2.93 亿,占网民整体的 27.9%。以往因没有电脑、无法连接互联网等基础设施的因素导致农村地区无法上网,阻碍大部分非网民上网的主要原因是上网技能缺失以及文化水平的限制。如今,农村互联网基础设施建设不断完善,农村数字经济新业态不断形成,农村数字化治理效能不断提升,促进农业农村信息化建设。

性别结构方面,我国网民男女比例为 51.7∶48.3,与整体人口中男女比例基本一致。年龄结构方面,20—29 岁、30—39 岁、40—49 岁网民占比分别为 17.2%、20.3% 和 19.1%,高于其他年龄段群体;50 岁及以上网民群体占比为 25.8%。越来越多的中老年网民更加深入地融入互联网生活,共享互联网红利。青少年是祖国的未来,我国 10—19 岁网民占网民整体的 13.5%。未成年人互联网接入环境、互联网使用、网络素养教育、网络安全与防护等方面都需要家长、学校、社会和国家的重视,充分发挥线上教育教学的优势,促进教育现代化发展,优化教育资源建设及合理配置优质教育资源。

以上数据表明,网民的结构特征和中国总体人口特征还存在着一定的差异,仅仅只能将其作为中国现阶段一个规模庞大的群体来理解。随着网络应用和服务逐渐覆盖和蔓延至社会的各个领域,网民在现实和网络中的角色和身份渐趋融合,与非网民群体在认识和经验之间的沟壑也进一步扩大。[1] 网民与非网民从宏观的社会结构上看本身就形成了两个截然不同的圈子,可能

---

① 参见谢新洲、宋琢:《平台化下网络舆论生态变化分析》,《新闻爱好者》2020 年第 5 期。

会对网络生态的多样性、稳定性、持续性等造成一定影响。

第一，网络使用娱乐化。如果将网民视作一个整体，圈层化特征还体现在网民内部对网络的使用和参与上。圈层化可以从横向和纵向两个维度加以理解，横向的"圈"指网民在互联网中因为生活背景、知识阅历、兴趣爱好、价值取向等因素聚合而成的共享同一文化或亚文化的群体，纵向的"层"指身处圈中的网民由于占据的资源、话语权的差异而处于不同的等级位置上。两种结构在交叠中同时发生作用，从两个方向解构再重构了互联网生态。

横向分化首先体现在上网动机和应用使用上。上网动机最直接地反映了网民在网络上主要从事什么活动，进一步体现了网络对网民的吸引力，以及网民如何理解网络在日常生活中发挥的作用，这间接影响了网民以何种心态和方式参与到网络中。根据《中国网民互联网使用习惯调查》的结果，29 岁以下网民最主要的上网动机是休闲娱乐，随着年龄的增加，休闲娱乐的重要性逐渐降低，了解新闻的重要性逐渐升高。而从不同文化程度网民的分布上看，了解新闻、休闲娱乐是文化程度为大学本科的网民的最主要动机，获取专业知识则是文化程度为研究生及以上的高学历网民的最主要动机。[①] 年龄、学历以及由此带来的生活方式、生活习惯上的区分在接入网络的初始就在一定程度上决定了个人将如何利用互联网。

工具或应用本身也在某种程度上进行着人群的分化，在某些方面具有共同特征的人会有一些相似的偏好，超越时空的限制，在一些特定的应用和平台上聚集，和应用的技术特性、产品文化等相互形塑，在使用中渐渐积淀出这一群人独有的文化，甚至成为自我或外界标定的身份认同的某个要素，反过来也促进了这一工具或应用在这类人群中的扩散和流行。以即时通信应用为例，QQ 注重对阅读、游戏、直播等娱乐功能的开发，成为年轻人休闲娱乐的主要平台；腾讯的手机端即时通信"TIM"以及阿里钉钉则以企业内部的即时通信

---

① 参见谢耘耕等：《中国网民互联网使用习惯调查》，《新媒体与社会》2015 年第 2 期。

业务为核心,注册人数在商务人士、企业白领中进一步增长。[①]

纵向分化则体现在网民群体所使用的上网设备、网络服务器以及网民个人信息素养等存在着结构性的不平等现象。这使得处于弱势的网民被隔绝在先进技术之外,和技术富有者之间的资源鸿沟日益扩大。比如在农村,一些年长的、没有接受过信息教育的农民即使拥有上网设备,也因为不懂如何挖掘和利用网络资源、无法理解和掌握一些新颖复杂的网络技术而失去了利用网络维护权利、改善生活的机会,比如利用电子政务、网络举报、市长信箱等。城乡之间的差别还体现在网络购物、旅行预订、网上支付及互联网理财等商务金融类应用以及外卖、网约车、共享单车等具有区域化特点的应用上,城镇地区对这些应用的使用率明显超过农村地区。[②]

第二,网络舆论分化。圈层化也体现在网民的舆论分化上。此处的舆论泛指网民在一段时间内对某一具体的、特定的公共性事件,通常是指与公共利益相关的热点或焦点形成的较为一致的言论、观点和意见。而分化则体现在对热点议题的选取以及针对同一个议题的观点上。

在对议题的选择上,网络的联通开放能够将思想和目光汇聚。不同圈层和社群发展出只有群体成员才能理解的话语、符号和文化准则。不同圈层内部的热烈交流增加了圈层间的隔阂。例如,中等收入群体关心安全、教育、医疗、收入分配、住房等和自身生活质量高度相关的话题,而兴趣爱好、新鲜事物则是"95后"年轻群体在社交应用上划分圈子的准则。网络还为粉丝亚文化的兴起和发展提供了条件,使其成为时下最具代表性的一种网络亚文化。粉丝群体往往聚焦于娱乐、时尚消费等非公共性话题,而自从流量商业化严重侵

---

① 《中国互联网络信息中心第41次中国互联网络发展状况统计报告》,http://www.cnnic. net.cn/hlwfzyj/hlwxzbg/hlwtjbg/201803/P020180305409870339136.pdf,查询日期:2022 年 5 月 5 日。

② 《中国互联网络信息中心第41次中国互联网络发展状况统计报告》,http://www.cnnic. net.cn/hlwfzyj/hlwxzbg/hlwtjbg/201803/P020180305409870339136.pdf,查询日期:2022 年 5 月 5 日。

蚀了公共话题的空间,监管部门和公众也都意识到网络舆论分化衍生的其他问题。一方面,网络交往互动中增强群体的凝聚力,确证已有的认识、态度和行为,能够促进形成价值共同体和利益共同体。另一方面,也有网络困难群体处于舆论边缘渴望得到援助。以劳动群体的政治参与为例,劳动群体往往在网络政治参与中处于弱势,这主要是因为当前中国网络政治参与的形式以网络舆论参与居多,"通过赋予网民话语权,以言论的影响力改变政府的政治行为与决定"①。劳动群体虽然占据了人口的大多数,但在网络上的代表性、影响力和议程设置能力却并不一定居于主导地位。此外,即使是同一个群体之内的互动,也并不必然都是平等的,会因为个体的社会资源、社会地位、专业知识、表达能力的差异而出现话语权分化的现象。一些意见领袖,或者我们可以称之为舆论"强势群体",不仅具有汇聚思想和目光的能力,甚至可以影响网络舆论的走向。

网络舆论分化的原因,一是社会结构在网络空间的再现,伴随着改革的不断深化,不同阶层、年龄、性别、收入、学历、地域的群体在价值观上存在一定的差异和冲突,投射到互联网上就是针对同一话题出现截然不同的思考角度和思维方式。二是目前主要的舆论载体,即微博、微信、QQ 等社交媒体的技术属性所致,这些平台的信息分发和社会网络构建方式方便网民选择跟自己观点和态度接近的信息,而且信息嵌置于日常生活的情境,具备了社交属性,能激起强烈的认同。互联网中看似拥有海量的信息,实则人人处在一个个相对固化的小圈子中流动、碰撞、激化,一些观点、态度在网络社群里不断自我强化中形成所谓的普遍共识。

---

① 参见吴理财、黄薇诗:《当前中国网民的政治参与》,社会科学文献出版社 2016 年版,第133—168 页。

第五章　互联网生态系统的演化

　　与自然生态系统的演化需要漫长的时间不同,互联网生态系统的演化过程十分迅速。互联网技术的飞速发展是互联网生态系统得以不断演化的技术推动力。与此同时,互联网生态系统的演化还离不开人们对互联网的基本需求,并且会受到社会生态的影响。互联网生态与互联网生态系统是两个相互联系但又各不相同的概念。从词源上来看,生态是指生物通过同化和异化与环境之间不断地进行物质交换和能量交换以实现新陈代谢,是生物与环境之间的互动关系;生态系统则是指基于这种互动关系的、由生命系统和环境系统在特定空间的结合所构成的体系。① 一方面,生态是关系,具有开放性,而生态系统是体系,具有边界性;另一方面,生态强调多元互动,指涉一种互动状况,而生态系统是由生物群落及其生存环境通过物质循环和能量流动共同形成的一个相互影响、相互作用并具有自调节功能的动态平衡整体,强调一种自组织结构。② 互联网生态系统与自然生态系统不同,其不仅具有技术属性,还具有社会属性。与此同时,互联网生态是纯粹人类主观意识发挥作用的结果。因此,互联网生态系统的演化不仅需要外在环境因素的推动,还需要主体通过

---

　　① 参见黎德扬、孙兆刚:《论文化生态系统的演化》,《武汉理工大学学报(社会科学版)》2003 年第 2 期。
　　② 参见邵培仁:《论媒介生态系统的构成、规划与管理》,《浙江师范大学学报(社会科学版)》2008 年第 2 期。

其主观能动性来实现。

第一节　互联网生态系统的发展阶段

互联网作为一种新技术、新媒介对社会生态产生深刻影响,它以网络为组织形态,不仅丰富了信息呈现、生产与传播方式,还为个人与群体连接、沟通提供开放、共享的新路径;与此同时,网络化逻辑的扩散实质性地改变了原本社会生态中生产、经验、权力和文化形成的过程与导致的结果,在这一环境中孕育的网络生态充分反映了互联网整合、重塑社会的过程。网络生态是依托社会发展持续运作的动态系统,其形成从不是一蹴而就,其边界也在不断发展中,呈现出开放性特点。互联网生态的演化伴随着互联网技术推陈出新,参与主体不断扩充的情况下,与社会形态紧密结合,经历了信息服务工具化、网民参与互动化、商业力量平台化的非线性发展,彼此相互影响,生成具有复杂系统特征的网络生态格局。

互联网最初是美苏冷战的产物,20 世纪 60 年代以后逐步走入普通人的生活之中,但此时暂未形成互联网生态的概念,而只是一种技术层面的描述。美国科学家立克里德于 1968 年发表文章《作为通信手段的计算机》。他认为,"对于在线个人来说,生活将比过去幸福,因为他们对强烈互动的伙伴的选择将更多地基于兴趣与目标的共同点,而非邻近性事件;通信将更为有效,更具产能性,因此也更令人愉悦;更多的交流与互动将通过程序与编程模式进行,这将对个人的能力形成补充,人们将有大量的机会进行探索,整个信息世界都对他们开放"[1]。文中描绘了互联网生态的雏形,因此奠定了他"互联网生态的第一人"的地位。

20 世纪 90 年代初期,美国在全球范围内率先提出要建立适应时代发展

---

[1]　Cf.Licklider J.C.R., Robert W.Tayol. "The Computer as a Communications Device", *Science and Technology*, April 1968:pp.21–31.

的全国性信息网络——国家信息基础设施（National Information Infrastructure，简称 NII），而该项目的通俗说法即为"信息高速公路"（Information Super Highway）。① 社会和经济的快速发展对信息资源的需求和依赖程度越来越高，信息技术在经济生产领域呈现的指数效应使得信息化在全球各个国家中达成共识，成为发展经济的共同选择，同时，信息化浪潮也加速推动了全球网络的建设及信息化发展。1991 年，美国互联网商业开发的禁令被解除，互联网开启了商业用途，这使得互联网对整个社会经济发展的作用、地位发生了一个根本性的转折。互联网不再仅限于军事、科研用途，开始逐渐渗透到经济生产和社会生活中，网络空间的范围逐步扩大，互联网的社会化应用愈加丰富。自此以后，互联网生态系统的演化主要经历了三个阶段：

第一阶段：信息服务工具助力网络生态基础建设。随着互联网的普及，网络信息的发展呈现出两个基本趋势：规模的爆炸性增长以及覆盖领域的不断扩大。1994 年 4 月，马克·安德利森和吉姆·克拉克在山景城创办了 Mosaic 通信公司，就是后来的网景通信公司。从 1994 年 10 月起，Mosaic 的浏览器可供用户下载，到 1995 年，90% 的万维网用户都在使用网景公司的导航者（Navigator）浏览网页。同一年，杨致远与其同学戴维·费罗（David Filo）在斯坦福大学读书期间，创建了一个名为 Jerry's Guide to the World Wide Web 的网站，旨在满足成千上万、刚刚开始使用网络社区的用户需求。后来网站更名为 Yahoo!，开创了向用户免费提供内容，通过广告收费的门户模式。同为斯坦福大学的博士生谢尔盖·布林和拉里·佩奇在 1996 年创立了谷歌，专注作搜索引擎运行的算法，2000 年研发出了 Ad words，允许公司购买搜索词相关广告，由此产生了巨大的商业价值，也造就了谷歌后来成为世界级互联网巨头。

互联网在全球范围内的迅速发展，使得政府相关部门、业界及学界中越来

---

① 参见张保明：《克林顿政府的"信息高速公路"计划》，《信息与电脑》1994 年第 1 期。

越多的人开始关注"互联网生态"问题。1998年美国商务部发表的一份研究报告《浮现中的数字经济》，报告中提出了"互联网生态"（Internet Ecology）的概念。[①] 2002年，美国IEEE会议（Institute of Electrical and Electronics Engineers，电气和电子工程师协会）又首次提出了"互联网生态系统"（Cyber Ecosystem）的概念。从浏览器的出现，到新闻、门户网站的兴起，再到搜索引擎的广泛应用，互联网成为信息的集散地和交换中心，为信息资源的整合、传播、呈现及接收提供了各种可实现的工具。网络信息在发展演变的过程中逐渐构建了网络生态的基础，成为网络生态系统中最活跃的要素，其规模、质量、传播效率等都在较大程度上影响了生态系统的动态平衡与持续发展。

第二阶段：社会化媒体促进网络生态主体联动。数字化、超文本以及多媒体技术为网络环境下信息传播提供新的技术支持和实现工具。技术的更迭推动互联网的持续发展，作为一种新媒介，互联网特有的交互性改变了过去大众媒体面向公众的单向传播机制，以互动为基础，允许个人或组织进行内容生产的创造和交换，依附并能够建立、扩大和巩固关系网络。[②]

网络上的互动型媒体诞生的标志应该是1971年ARPA（阿帕网）研究人员发出第一封E-mail。1997年美国在线即时通信软件AIM出现，此后，Bruce和Susan Abelson于1998年创建了Open Diary，该网站连接了撰写网络日志的用户，"博客"的概念出现，互联网用户可以在虚拟空间中发布文章，这也接近现在的社会化媒体的概念。2002年Friendster让用户创建自己的账户和朋友联络，这个社交网络是同类网站中首个突破百万的社交网络。2004年Facebook建立，而Flickr作为一个基于浏览器的独立的照片分享应用网站出现。2005年YouTube作为一个全新分享平台出现，用户能自由上传视频。2006年

---

① 参见关晓兰：《网络社会生态系统形成机理研究》，北京交通大学2011年博士学位论文，第10页。

② 参见付宏等：《基于自组织理论的社会化媒体平台个人知识管理机制研究》，《情报工程》2015年第2期。

Twitter 140 字节内容发布的规定改变了人们的交流、分享方式,人们通过网络表达自己的意见和他人交流更加快捷方便,而 Spotify 的音乐流媒体工具则允许用户分享自己的音乐列表与其他用户互动。与此同时,我国社会化媒体逐步从强调匿名交流到引入现实人际关系,发展个人社会网络的过程,见证这一变化的媒介载体也经历网民由网络论坛向博客、微博的迁徙。网民一方面作为信息的生产者,通过积极利用社会化媒体进行自我情绪与观点的表达,另一方面则承担了与他人的交流中不断建构网络生态环境的功能。

第三阶段:互联网平台推动互联网生态空间形成。新一代移动互联网技术的发展,让信息交互可以实现精准的即时匹配,新媒介形态的出现,将个体思想从无产出价值的单向消费行为中解放出来,改变了企业组织架构,从传统科层制组织向平台型组织转型,以平台的形式,提供信息内容、支付结算、信用评价、技术手段等一系列基础设施服务,支持数百万微小企业以及内容创业者。其中,相关组织、用户、信息主要围绕网络交易平台和内容分发平台不断集聚生态化现象,互联网平台逐渐成为网络生态的主要组织形式。

电子商务从过去买卖双方之间交易的简单电子化,发展到各相关行业用户需求进行重新整合,通过电子商务平台聚集成新的产业环境,在更为广泛的范围内进行资源的优化配置。1995 年 9 月,ebay 在美国成立,买卖双方围绕互联网社区平台,通过定价及拍卖等形式实现交易的在线化,其网络应用分布在全球 20 余个国家及地区。近年来更是聚合了全球过亿活跃用户,2018 年便产生 945.8 亿美元的交易总额。① 然而,ebay 在中国的落地却遭遇了强大的阻碍,1999 年,阿里巴巴集团在杭州成立,拉开了中国电子商务走向世界的帷幕。从淘宝网到支付宝,从天猫商城到菜鸟网络,阿里巴巴基于电商平台,从技术支持、资本运作、市场运营等多方面提高了交易效率。从 2014 年至今,阿里巴巴陆续完成了对 UC 浏览器、高德地图、优酷土豆等不同领域的投资收

---

① 参见中泰证券:《美国电商巨头 eBay(EBAY.US)的兴衰之路》,智通财经,https://www.zhitongcaijing.com/content/detail/201372.html,查询日期:2022 年 5 月 5 日。

购,成立了蚂蚁金融服务、阿里音乐、体育、影业集团等新的组织机构,以电子商务为入口,整合金融、文娱、社交、出行等更为广泛的资源,汇聚流量,逐渐成长为新的网络生态结构。

人工智能、大数据、云计算、3D打印等信息技术的创新发展驱动网络生态的新一轮演变。企业的边界越来越模糊,平台整合用户与信息资源,不同平台之间通过用户和信息资源得到充分的连接与交互,在不断发展的技术创新中,促进多方共同参与,搭建网络生态运行基础。随着互联网对现实经济生产与社会生活的逐步渗透,网络空间与现实社会融合成新的网络社会。回溯互联网生态的构建过程,呈现出以信息内容为基础要素,网民为参与主体,商业平台为组织结构的特点。并以信息互动为传播模式,基于搜索引擎、社会化媒体、电子商务、即时通信领域继续搭建大环境中的"小生态"圈层,各方参与主体在发展过程中就流量、资本、话语权的争夺不断碰撞,这直接导致网络生态发展失衡,系统健康运行面临严峻挑战。因此,当前学界和业界更多从网络安全的视角去建构互联网生态系统。

第二节　互联网生态系统的构成与可优化因素

互联网生态系统主要由环境因子、主体因子和信息因子三大部分构成(见图5-1)。

一、环境因子

环境因子由三部分组成。第一,物质基础环境,也可称之为网络基础设施环境。计算机、输出输入设备调制解调器、网络连线等设备构成了网络基础设施。网络基础设施环境是网络存在的物质基础。没有这些硬件设施,就没有互联网。第二,信息资源环境。信息是网络运行的核心价值,所有的数据流转都以信息为基础,信息资源是网络的质料。信息是网络最重要的价值,信息资

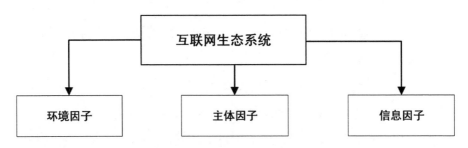

图 5-1 互联网生态系统构成因子

源环境是互联网生态系统的核心环境,信息资源环境决定了互联网生态环境。① 第三,社会环境。社会环境的概念有广义狭义之分,美国行政生态学家雷格斯认为生态环境中因素可分为无感因素和敏感因素:无感因素是指与研究相关性不大,可以忽略不计的因素;敏感因素是指与研究内容有直接关系的因素。② 与互联网生态有直接关系的因素即敏感因素主要包括网络法律法规、社会教育、科学技术和经济发展情况等。③

在环境因子的范畴内,网络基础设施环境可以通过更新设备与技术创新等方式进行优化,而信息资源环境则可以通过政府监管等方式限制某些违法不良信息内容的输入与传递,从而进行优化。尽管社会环境不能通过某些直接或者很快见效的方式来改善,但是可以通过长期的政策推广与实施、法律法规等的监督与实施来逐步完善,因此环境因子属于互联网生态系统的可优化因素范畴。

二、主体因子

主体因子是互联网生态系统的主导性文明要素和能动性要素,是互联网

---

① 参见胡月聆:《论网络生态系统平衡构建》,南京林业大学 2008 年硕士学位论文,第 11 页。

② 参见[美]佛雷德·里格斯:《行政生态学》,金耀基译,台湾商务印书馆 1981 年版,第 96 页。

③ 参见张庆锋:《网络生态论》,《情报资料工作》2000 年第 4 期。

生态系统其他文明诸要素的决定性力量。[①]　主体因子的职能是发布信息、传递信息、接收信息以及运营网络、建构网络、维护网络。[②]　根据网络主体因子的不同职能，可以将主体因子可分为信息主体因子、运营主体因子、构建主体因子。根据网络信息主体在互联网生态系统中对信息流转承担的不同职责，可将其划分为网络信息的生产者、网络信息的消费者、网络信息的分解者。互联网生态主体因子之间是对立统一的关系。在互联网法律关系中，信息主体与网络运营主体、网络构建主体往往存在利益冲突，是责任分担的相关方。更重要的是，各个互联网生态主体因子围绕信息流转，在网络空间创造价值。由此可见，主体因子作为信息传递与接收的主体与受众，是能够影响互联网生态系统平衡的因素，能够通过一些手段来约束其行为或者通过惩罚、奖励等方式来实现优化。

三、信息因子

信息因子是互联网生态系统中客体性的质料，也被认为是最不稳定的因素。[③]　网络信息形态繁多，例如文字、音频、图像、视频等，信息之所以能够流转意味着信息具有价值、可被控制，属于财产或至少具有财产属性。

有学者认为互联网生态系统是社会大系统的一个子系统。这种观念下，社会大系统不断向互联网生态系统输入物质流、能量流、信息流等各种信息。[④]　尤其在当今世界，信息发挥着物质无法替代的作用。两者之间关系可由图5-2表示。但是21世纪20年代，互联网技术服务更新迭代，现代生活已经无法脱

[①]　参见吴克明：《论网络生态文明的构成、危机及教育原则》，《河南科技大学学报（社会科学版）》2007年第1期。

[②]　参见魏学宏：《论信息服务业的生态文明构成原则》，《中国社会科学情报学会2008年学术年会论文集》，2008年。

[③]　参见石长顺、梁媛媛：《互联网思维下的新型主流媒体建构》，《编辑之友》2015年第1期。

[④]　参见张庆锋：《网络生态论》，《情报资料工作》2000年第4期；宋艳丽、林筑英：《网络学习的生态观透视》，《远程教育杂志》2005年第3期。

离互联网单独存在,互联网已经改变了人们的行为模式。认为互联网生态系统是社会大系统的子系统,显然忽视了互联网生态系统的发展变化,互联网生态系统的属性特征已经无法从属于社会大系统,社会大系统对其难以包容,以至于改变了社会大系统的构造,互联网生态系统逐渐发展为已经独立于社会大系统的一个全新的社会生态系统。

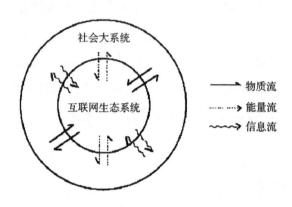

图5-2 互联网生态系统与社会大系统的互动关系①

第三节 互联网生态系统的动力因素与作用模式

互联网生态系统的运作有其自身的动力因素驱使,同时,信息在流转中维持着生态圈层内外的平衡,以及生态系统的平衡。互联网生态系统也随着信息的交互带来的环境变化而规律性演化。

一、互联网生态系统的动力因素

互联网生态系统是一个多主体、多层次的复杂系统,是一个时间和空间相协调的耦合系统,动力机制是以持续均衡的方式提供系统发展的能量。互联网生态系统动力机制包括社会动力、经济动力、资源动力、技术动力等。提高

---

① 参见张庆锋:《网络生态论》,《情报资料工作》2000年第4期。目前该示意图已不适用。

系统的自组织能力取决于激活系统的动力机制。[①]

首先,社会动力是互联网生态系统的基本动力因素。互联网生态系统既具有技术性属性,又具有社会性属性,是一个不断演化的动态系统。在网络空间中,互联网技术不仅重构了社会组织结构、权利(力)关系,还对整个人类社会形态建构产生了深远的影响。但与此同时,外在的社会动力因素也会对整个互联网生态系统产生影响。这是因为互联网生态系统作为一种计算机仿真技术发展出来的产物,一旦人们沉浸其间就会形成一种虚拟的存在。它以数码符号的形式出现,能够再现现实世界中的某些存在,也会与现实中的原型之间进行互动。也就是说,现实世界中的社会因素可以推动或者阻碍互联网生态系统的发展,而互联网生态系统中的某些因素也能对现实社会产生反作用。

其次,经济动力是推动互联网生态系统发展的关键性因素。"互联网+"的经济模式不仅对传统的经济运行模式产生了冲击,也为其带来了机遇。互联网生态系统中的一个重要的组成部分就是互联网经济生态系统,在该系统中人们可以享受到传统经济模式所不能带来的便捷,还减少了交易的成本。2018年2月,在河北雄安新区管委会的研讨中,与会者提出,落实"数字雄安",建立住房租赁积分全生命周期管理机制,利用区块链技术,建立雄安住房租赁平台,将教育局、财政局、房管局、社保局和房屋中介企业掌握的房东个人信用、出租记录、房客评价、承租人信用、租房记录、房东评价等上链,同时将租赁合同、转账信息等上链,实现每个流程数据相互验证,实现房屋租赁信息准确、可信赖,所有交易流程实时共享、可溯源、可存证。[②]

再次,资源动力是互联网生态系统得以发展的物质基础。任何生态系统的构建与运行都离不开物质资源的支撑,互联网生态系统不仅需要物理基础

---

①　参见宋豫秦等:《淮河流域人地系统的自组织分析》,《中国人口·资源与环境》2002年第4期。

②　参见华为区块链技术开发团队:《区块链技术及应用》,清华大学出版社2019年版,第127页。

设施的支撑来保障其正常运行，还需要有软件设施来保障其运行的结果符合人们的基本需求。资源动力除了基本的物质资源之外还包括人力资源、智慧资源等。

最后，技术动力是互联网生态系统得以运行的根本。在网络空间，任何行为都必须以计算机技术的应用为基础。没有计算机技术的支持，互联网生态系统中的主体不能在网络空间中实施各种行为，也不能将自己的需求反映到虚拟的网络空间之中。技术动力是互联网生态系统得以运行的根本还表现在技术推动着互联网生态系统的不断演化。技术发展水平越高，则互联网生态系统能满足信息主体需求的能力就越强，就越能融入信息主体的生活之中成为不可或缺的一部分。

二、互联网生态系统的作用机制

信息是互联网生态系统的核心要素，信息主体、客观环境等因素则围绕着信息因素，承担传递者与推动者的角色。在互联网生态系统之中，信息因子是重要的资源要素，即各种纷繁复杂的网络信息，环境因子则主要由社会环境和技术环境两部分组成，主体因子则是互联网生态系统中人的要素。

首先，信息主体在学习、交往的过程中相互之间形成一种反映社会关系的信息生态链。信息链是一种客观的不带有主观意识的存在，在网络层级之间信息以数码的形式进行传递。信息主体通过内容层、应用层等网络层级进行信息传递与交换。通过网络协议，网络层级之间既有垂直的数据传输与交换，又有水平方向的数据交换与传输。每一个网络层级均有特定的、独立的功能设定，上层的功能必须在下层功能实现的基础上才能够实现。与此同时，上下层网络层级的数据交换是透明且兼容的。信息生态链则是建立在信息链基础上的一种反映信息主体之间社会关系以及环境因素的存在。信息生态链体现的是一种信息主体之间的社会关系，是一种具有主观意义的存在。

其次，多个复杂的信息生态链构成具有不同功能的互联网生态圈层。信息生态链之间既可以是相互交叉的,也可以是相互并列的。多个信息生态链之间通过某种方式进行连接与融合,进而形成具有不同社会功能的互联网生态圈层。与自然生态圈类似,互联网生态圈也建立在不同的链接之上,自然生态圈建立在食物链的基础之上,而互联网生态圈则建立在信息生态链之上。但信息生态链反映的是更为复杂的信息主体之间的社会关系,包括交往关系、交易关系等各种关系。

最后,不同生态圈层相互交织进而形成一个动态的互联网生态系统。互联网生态系统各要素之间并不是割裂的,而是产生着交互式的影响。主体因子是互联网生态系统中最基本的单位,它们从互联网生态环境中习得发展规律以适应复杂的生态系统的演变节奏。环境因子受到外界诸如政治、经济、文化等因素的影响,从而激起生态系统内部的新变化,这些新变化仍然需要主体因子去适应。因此,互联网生态系统中诸要素之间相互影响、相互制约,维持着互联网生态系统的动态平衡。

三、互联网生态系统的演化模式

作为一个复杂适应性系统,互联网生态系统中的个体并行地对环境中的各种刺激作出反应,进行演化。个体为了在环境中求得生存,必须不断调试自身以适应环境,同时环境也根据个体的变化不断给予反馈,二者在运动变化中相互影响,相互依存。[1] 在微观层面的复杂适应性理论中,最基本的单位是具有适应能力的、主动的个体,简称主体。[2] 而在宏观层面的复杂适应性理论中,由适应性主体组成的系统将在主体之间以及主体与环境的相互作用中发展,表现出宏观系统中的分化、涌现等种种复杂的演化过程。[3]

---

[1]　参见谭跃进、邓宏钟:《复杂适应系统理论及其应用研究》,《系统工程》2001 年第 5 期。

[2]　参见李忱:《可持续发展的协同机制研究》,河北科学技术出版社 2004 年版,第 43 页。

[3]　参见杜晶晶:《复杂性科学视角下企业成长研究梳理与启示》,《重庆理工大学学报(社会科学版)》2016 年第 2 期。

互联网生态系统的演化模式也遵循复杂适应性系统演化的基本规律,在微观层面呈现出的是一种刺激—反映模式。环境因子与信息因子等客观因子发生变化之时,主体因子会主动根据此种变化作出适应性的选择,并在相互之间不断进行学习与自主演化,进而达到协同共进的目的。在宏观层面,互联网生态系统的演化方式则可以表现为分化、涌现等更为复杂的演化过程。分化是指一个分系统从互联网生态母系统中分离出来并具有独立运行的功能,类似于细胞分化这样的一个过程;涌现则纯粹是一个新鲜的系统从无到有的过程。新的互联网生态系统在新的环境因子与信息因子以及主体因子的共同作用下而诞生。无论是分化、涌现还是更为复杂的互联网生态演化模式,都离不开环境因子、信息因子以及主体因子的共同作用。

第六章　互联网生态系统的平衡

互联网生态系统的平衡指的是互联网生态系统的各个构成要素在一定条件下达到相互适应并相互协调的一种动态均衡。[1] 一般而言,互联网生态系统的主要构成因子包括环境因子、主体因子和信息因子。互联网生态系统的平衡意味着以上三大构成要素之间已经相互适应并达到了互相协调的一种动态平衡状态。但事实上,互联网生态系统失衡的现象在网络空间比比皆是,要从理论上研究互联网生态系统平衡,就必须对以上构成互联网生态系统的可优化因素进行分析与讨论。

第一节　互联网生态系统的平衡及其失衡风险

某一事物达到"平衡"状态意味着构成该事物的各个因素之间能够相互协调、和平共处,或者在出现内部冲突时能够有一个协调机制来化解这种冲突与矛盾。互联网生态系统的平衡则意味着构成互联网生态的各个要素之间的相互协调与相互制衡。然而,实践中仍然存在着很多互联网生态失衡的风险因素,需要得到治理。

---

[1]　参见邵培仁等:《媒介生态学——媒介作为绿色生态的研究》,中国传媒大学出版社2008年版,第306页。

一、互联网生态系统的平衡

事物有走向无序的自然倾向,玻尔兹曼和布吉斯在统计物理学研究中发现,孤立系统或者在统一均衡环境系统中的熵会增加,或快或慢地接近最大熵的惰性状态,这意味着万事万物有着向混乱状态靠近的自然倾向。① 事物的有序并不意味着生态系统能维持平衡。有序的事物会从初始井井有条的状态演化为不稳定的状态,进而也会演化到难以为继的状态,最终导致系统失衡。事物的无序也不意味着生态系统一定失衡。无序排列的事物也能在随机的状态过渡到稳定的状态,进而在一个可能存在的状态中取得系统平衡。② 在互联网生态系统这一场域之下,现实世界的人或事物一旦被输入到虚拟的网络世界总是会出现各种"失真"或"误差"等不一致的情形,这主要是因为信息在网络上传播不对称引起的。互联网生态系统的平衡至少包括以下几个方面的内容:一是要维持互联网生态系统的秩序稳定;二是要保证互联网生态环境的清朗;三是要确保互联网生态系统的正常运行。从以上基本内容来看,互联网生态系统的平衡实质上也是网络治理的基本目标。因此可以说,维持互联网生态系统的平衡就是在不断地实现网络治理的基本目标。维护互联网生态系统的秩序稳定,其核心在于维护网络空间秩序的稳定与网络社会运行秩序的稳健发展,需要遵循相应的治理规范,并建立有效的监督机制。保证互联网生态环境的清朗,则意味着要确保互联网生态环境的清明与发展的均衡,不能因噎废食,也不能为了追求短期利益而放任某些损害互联网生态环境的恶性行为的发生。互联网生态系统的正常运行则急需要有良好有效的运行机制保障,还需要有相关的监督机制进行监督与协调。因而,整个互联网生态系统的

① 参见[奥]埃尔温·薛定谔:《生命是什么》,肖梦译,天津人民出版社 2020 年版,第 103—112 页。

② 参见[美]马伦·霍格兰、伯特·窦德生:《生命的运作方式》,洋洲、玉茗译,北京联合出版社 2018 年版,第 40—41 页。

平衡发展构成了互联网生态治理目标中最为关键的任务之一。2015 年 4 月,蚂蚁金服推出的小额信贷产品"蚂蚁花呗"(简称花呗)正式在淘宝、天猫购物平台上线,初衷是缓解消费者"双十一"的购物高峰。之后的几年,花呗受到了年轻用户群的喜爱,随后借呗、微粒贷、京东白条等超前消费渠道纷纷在各大常用平台涌现。以花呗为代表的互联网小额信贷服务通过采集用户行为,利用算法为用户确定信贷额度,绕过了传统金融机构对用户的严格漫长的信用审核,紧紧抓住了低收入人群的消费痛点。互联网小额信贷服务一方面为刺激线上线下消费,拉动经济发挥了一定的作用;另一方面,尽管互联网小额信贷所倡导的超前消费、消费主义无意成为主流消费观念,但是其容易误导正处于理财观念塑造阶段的低龄用户群体,该群体也正是互联网小额信贷的主力用户。当小额信贷积累了海量的用户时,为了防止小额信贷规避法律,利用高杠杆制造金融泡沫导致网络金融生态失去平衡,有效的金融监管机制应当介入,以确保金融秩序稳定。2021 年 9 月,随着花呗宣布与央行征信系统同步,单一平台局域内部信用评价机制的相对性和隐匿性被打破,信用评分不佳的用户纷纷退出,在社会征信的广泛监督下,互联网小额信贷产业的生态环境将更加清朗。

二、互联网生态系统的失衡风险

1644 年,中国北京一带暴发鼠疫,病人高烧,迅速死亡,这场鼠疫间接导致了大明王朝的崩溃。这场鼠疫如同一场战争一样,天时地利人和是其倾覆王朝的重要因素。首先,天时方面,中国的气候在明末进入了一个小冰河时期,中国华北地区平均气温达到了近一万年的最低点。其次,地利方面,嘉靖帝时期开始的向北方草原移民造成蒙古草原过度开垦,破坏了长爪沙鼠聚居地即鼠疫发源地的生态环境。最后,人和方面,战争导致民不聊生,北京城内大量市民和官兵聚集,没有完善的隔离设施,导致疫情迅速扩散。[①] 正如自然

① 参见谭健锹:《疫警时空:那些纠缠名人的传染病》,生活·读书·新知三联书店 2016 年版,第 41—58 页。

生态系统的失衡一样，网络生态系统也随时面临失衡的风险。当前网络生态环境中的内容乱象和责任缺位等都会使得互联网生态系统出现失衡的现象。而互联网生态系统的失衡不仅对于互联网生态自身有所损害，同时对互联网用户和国家社会发展也会产生危害。

第一，互联网生态失衡不利于互联网生态的整体发展。网络生态作为整体互联网空间的组成部分，对于保持整体互联网生态平衡具有重要作用。互联网信息的流通不畅或者失序会扰乱互联网生态的正常秩序，影响互联网空间其他部分的正常运行，甚至网络生态危机还会蔓延到现实社会，造成现实社会的信息失序。例如，依靠第五代移动通信技术（简称5G）低延时信息传输而兴起的远程医疗、智慧驾驶，如果遭遇信息流通障碍，则可能面临巨大的人身、财产损失。

第二，互联网生态失衡不利于用户合法权益的保护。互联网空间是当今人们浏览信息、认识世界、表达意愿，交流思想的重要途径。互联网空间为人们提供了海量的信息，同时也将每个人的信息裹挟其中。网络生态失衡会危害互联网用户的表达权、知情权和隐私权，严重的情况下还会危害人民群众的人身、财产安全。2020年底，标题为《明星"健康宝照片"被泄露，2元打包70张，1元买1000位艺人身份证号》的文章在全网传播，引起公众反感的同时，健康码的隐私侵权和监管问题也受到了社会各界广泛关注，如果健康码小程序中的个人信息大面积泄露，政府的公信力必然会大幅度下降，法院也必将面临十分巨大的审判压力。

第三，互联网生态失衡不利于正能量的传播和社会主义核心价值观的构建。目前互联网已经成为正能量宣传和社会主义核心价值建设不可忽视的渠道，但是网络生态的失衡会使我们的传播效果大打折扣，甚至出现"逆向效果"，也就是说，互联网可以成为传播正能量的利器，也可以成为社会主义核心价值观构建的障碍。2021年9月，一个曾经全网粉丝量700多万的头部网红被全网永久封禁，这意味着在网络直播内容中打擦边球博取流量的审丑变现模式宣告终结。此前,依靠扮丑、低俗内容获得广告收益的主播不在少数。此外,"大胃王""海量喝播"们,要么欺骗观众,浪费食物,要么拿命换钱,宣扬不健康的饮食习惯,误导未成年人盲目崇拜和模仿,同样也遭到了主流媒体点名和平台处罚。

第二节　互联网生态系统平衡路径

要实现互联网生态系统的平衡就需要从互联网生态系统的三大构成要素入手,其中最为重要的就是针对信息主体的行为来进行约束与平衡。只有三大要素之间相互制约,才能最终达到一种平衡的状态。

一、信息生产者从源头上保证信息质量

信息生产者是互联网生态主体因子中的主要组成部分,它不仅是互联网信息的制造者,而且有时也充当着互联网思想的引领者角色。互联网生态的平衡需要信息生产者的配合,需要其从源头上对信息质量进行把控,确保互联网传播的信息质量。

以网络虚假信息为例。网络虚假信息一般起源和扩散于网站或者个人账号,并借由多种网络渠道进行传播。而随着虚假信息影响力的扩散,甚至一些传统媒体平台也会中招进行虚假信息的再次传播,造成更大的危害和不良影响。例如2014年8月12日,由湖南一家网站发布一则关于产妇手术台上非正常死亡的报道,这则报道随后被全国很多网络媒体大量转载。最终,当地官方微博通报说明此事,证实这是一则虚假信息,事实真相是产妇因羊水栓塞引起的多器官功能衰竭,经医生全力抢救无效死亡,并非网络上流传的"因为医生失踪和发现不及时导致的产妇非正常死亡"。这些网络虚假信息充斥网络空间,一方面是源于一些微博客等社交媒体账号进行不负责任的造谣,另一方面源于网站平台和传统媒体的把关不严,对信息的审核和监管力度不足。

错误信息通常满足了以下条件:第一,它是人们尚未知晓的信息;第二,信息的发布方式必须简单而有吸引力,例如获得该信息门槛很低的短视频形式,不需要受众有较高的知识文化水平,不需要受众耗费脑力;第三,信息来源必须是受众主观认为可靠的。① 针对网络虚假信息较多的现象,信息生产者其实应当承担很大一部分的责任。如果能从信息生产者开始就对网络虚假信息进行治理,则势必能将网络虚假信息的不良影响降到最低限度。分析当前的网络虚假信息发现,网络虚假信息一般存在以下特征:第一,网络虚假信息传播速度飞快,往往在监管部门发现前就已经形成泛滥之势;第二,网络虚假信息拥有更广泛的传播空间,谣言的传播已经突破了人际传播的限制,在全球范围内进行扩张,可以渗透在世界任何一个细小的角落,形成了跨国界、跨文化、跨种族的传播景象;第三,网络虚假信息存在更多形态,相比于口口相传的语言性谣言,网络谣言可以通过文字、图片、视频等多媒体手段进行传播,更具迷惑性;第四,利用更多的传播途径,网络谣言可以通过不同的渠道进行散播,其中包括电子邮件、留言板、微博、微信等;第五,网络虚假信息后续影响力大,即使相关人员、正规媒体对信息进行辟谣后,虚假信息仍将潜藏在人们的意识中。由上文分析可知,信息生产者最初只是某一单独个体或某一个别组织,而信息传播者则是占据互联网内容市场的一大部分群体。监管者如果能在虚假信息产生之初就对信息生产者进行管控,并对信息生产者所制造的网络信息进行审核,要求信息生产者对自己所生产的信息进行自我审查,如果信息生产者未能遵守以上规定就对信息生产者采取禁止其信息传播的手段,从而迫使信息生产者对自己所制造的网络信息承担责任。此种信息管理机制可以从源头上制止网络虚假信息的产生与大肆传播。

以新闻信息刊播来源乱象治理为例。网络新闻信息的真实和可信度是其在网络空间中焕发生命力的根本,而新闻信息的刊播来源则是保障信息真实

---

① 参见[印]阿比吉特·班纳吉,[法]埃斯特·迪弗洛:《贫穷的本质——我们为什么摆脱不了贫穷(修订版)》,景芳译,中信出版社 2018 年版,第 294—295 页。

可靠的重要保证。但目前网络空间中出现了新闻信息刊播来源混乱的局面，使得网络媒体新闻信息可信度受到巨大影响。

网络新闻信息刊播来源混乱其实也是缺乏对网络信息生产者的制约而造成的，其主要表现在：第一，一些网站平台无视有关互联网新闻信息服务的法律法规，在信息源头上没有保证信息的可靠性，而是随意使用非法信息；第二，一些网站把自媒体或社交媒体内容不经审核和印证即作为内容来源；第三，一些网站非法翻译和发布境外媒体的相关内容，尤其是对华的不实报道；第四，一些新闻网站不具备新闻服务资质，却以媒体名义进行新闻采访和信息搜集，甚至进行非法新闻敲诈等活动。上述乱象，严重危害了网络空间的治理格局，违背了互联网信息生产和传播的基本原则，对现实社会和公众利益造成了巨大的危害。正是基于这些现实问题，网络空间的治理设计需要被重新提上日程，网络法制化建设和网络信息管理的任务迫在眉睫，而其中对网络信息生产者的治理是确保网络信息质量的关键。互联网法治建设与网络信息管理都应当重视对网络信息生产者行为的制约与监督。

二、信息传播者做好渠道环节把控

信息传播者在进行信息的筛选和过滤时，往往缺乏责任意识，或是过度迎合大众的猎奇心理，或是受经济利益的诱惑，播发一些未经核实或有意造假的信息，造成网络媒体平台言论混乱，乱象频发。信息传播者作为互联网生态系统中的一个重要主体，其负担着对网络信息传播的重要责任，在其筛选网络信息时应当肩负起净化网络环境的重任，需要对某些负面信息的传播及时进行遏制。然而，信息传播者并不是网络内容的监管者，而是以获取最大利益为动力的市场主体。要督促该主体主动肩负起网络信息传播管理的职责，既需要政府相关部门以法律规范的形式予以指引，也需要因积极担负净化网络环境责任而获得必要的奖励。因而，互联网生态治理过程中，对信息传播者的治理，既需要利用信息传播者天然具备的管理条件，又需要有必要的指引。

"网络跟帖评论乱象""网络负面信息扎堆现象""网络侵权乱象"等网络不良现象的出现都与对信息传播者监管不力有直接关系。网络信息传播者需要对其传播的信息进行审查,应当对自己的信息传播行为承担必要的责任。

以网络跟帖与评论现象治理为例。网络跟帖与评论是针对于网络内容主体本身,受众自发进行评论发言的短小精悍的题材形式。[①] 网络空间中理性的跟帖评论能够反馈网民信息,促进网络空间的互动沟通,便于公民表达意见、政府汇聚民治民意,这是网络跟帖评论的意义所在。但有时,一些网民会在极端的情绪下发帖评论,在网络环境中进行非理性的情绪的发泄,这类跟帖会对他人造成误导,使得网络空间出现失序局面。而当跟帖评论失序后,部分网站为了吸引受众,寻求争议性的新闻跟帖[②],在跟帖信息审核过程中放任情绪化言论和非理性言论的蔓延,使得负面情绪在网络空间内不断发酵,最终危害现实社会。危害更大的是,网络新闻的迅速发展和影响力的不断扩大使得越来越多的人看重网络意见,由此网络水军等网络推手也应运而生。[③] 营利性、有组织的网络水军通过在各大网站平台的内容下专职跟帖,发布极具煽动性的言论来混淆视听、制造假象、恶意引导网络民意,后果极为恶劣。

在这种现象中,跟帖者与评论者都是网络信息的传播者,他们不假思索对某些虚假信息、低俗信息以及危害社会稳定等不良信息的传播行为,进一步扩大了网络不良信息的影响范围。如果不能对这些信息传播者进行严格把控,则势必会让更多的受众受到以上不良信息的影响,从而危害整个网络秩序的稳定。针对网络跟帖者与评论者此类信息传播者,互联网治理者一方面需要对其进行必要的教育与引导,另一方面还需要根据实际情况对某些影响极其

---

① 参见熊芳芳:《网络新闻跟帖治理:网站主体责任制落实策略》,《新闻知识》2018 年第 4 期。

② 参见任丽:《网络新闻跟帖存在的问题及对策研究》,渤海大学 2012 年博士学位论文,第 15 页。

③ 参见任丽:《网络新闻跟帖存在的问题及对策研究》,渤海大学 2012 年博士学位论文,第 15—16 页。

恶劣的信息传播者进行制裁,如果不能及时对其传播的负面信息进行删除并消除影响,则还将面临行政处罚、刑事处罚等法律制裁。

再以"负面新闻"治理为例。通常来说,负面新闻是指内容会对社会产生消极影响的新闻报道,犯罪、性、丑闻、事故或自然灾害等事件往往是负面新闻报道的聚焦点。[①] 正确反映这类事件的新闻报道能够帮助公众更好地了解社会环境和社会事件,促使人们去反思和探究原因,从而起到引发思考、警戒社会、监督促进等作用。[②] 但某些新闻网站为了博人眼球,把报道重点放在了"负面"内容上,对于其他类型社会新闻视而不见。这种负面新闻扎堆的报道方式,违背了媒体应当客观、真实、全面反映社会现象的基本原则,不利于公众准确地了解社会动态和重点事件。更为严重的是,这样的报道方式可能会使公众对整体社会留下负面的印象,不利于社会的发展进步。

"负面新闻"的传播者往往利用其信息传播渠道的优势而故意宣传对其有利可图的负面信息,这是一种滥用信息传播权力的行为。从互联网治理角度出发,网络信息传播者不仅需要对其传播的信息内容本身承担责任,还应对其传播过程中的某些行为承担责任。网络信息传播者在传播信息过程中需要对其所传播的信息内容进行审核,但这种审核不应当是为了自身利益而任意对传播内容的删减,而应当根据法律法规中所规定的依据进行适当删减或者屏蔽信息。

三、要最大限度凝聚信息接收者的共识

作为信息的受众,信息接收者对其所接收到的信息应当具有一定的识别能力,这意味着对未成年人应当采取特别的保护。然而,要让信息接收者能够

---

① 参见张卓:《搜索传统走向沟通—从中国新闻奖和普利策新闻奖看中西传媒价值取向和文化选择》,《国际新闻界》2000 年第 2 期。

② 参见何淑群:《"负面新闻"(负面报道)问题研究——以重大灾难事件的报道为视角》,《暨南大学学报》2008 年第 1 期。

对其接收的内容进行适当辨别，并因受益于这种信息接收而对整个社会保持更大信心且更具凝聚力，其根源仍然在于确保信息源头的清正明朗。

（一）互联网生态治理应当增强社会认同感

当前社会系统稳定的基础是建立认同的社会范围，这一范围既可以是国家、民族，也可以是某一个组织。信息是社会系统运转或者是维持社会互动的重要动因，共同的信息基础构成了共同的认知基础。在大众媒体时代，受众的选择是有限性的丰富，社会信息被结构化了，因此，受众能获取的信息同质性较强，人们对所在社会系统的认知度也比较高。而在网络社会时代，个体有了丰富的选择信息的权利，当社会开始尊重每个个体的喜好时，个体与个体之间对社会认知的差异性增强，人们容易找到的是在单一情境下的共识，却难以找到社会、组织层面的丰富的共识和认同感。

当前互联网生态系统中"洋葱头型"结构仍比较明显——处于顶部的往往是掌握着丰富的利益表达渠道的所谓"意见领袖"，但他们却是社会主体的较少数；而占社会大多数的群体则在互联网上更为迫切地渴望获得话语权。于是，中国网络公共空间多元主体共同参与到了网络空间的讨论，却往往无法达成共识。

针对这一情况，互联网生态治理的重点在于通过正能量信息的传递来强化人们的社会认同感。在信息爆炸的时代，尽管人们的思想更为自由，但仍然存在某些共有的东西，例如在自然灾害面前，人们对于政府的信任情感、人们的爱国情怀等都可以成为人们获得社会认同的情感基础。互联网生态治理不一定要求统一化，但不能缺失某些内在的核心共同价值的支撑。互联网生态治理的重点就在于增强人们的社会认同感，强化互联网思想中那些具有共性的价值目标。

（二）互联网生态治理应当积极引导网络舆情

21 世纪以来，全球群体性事件的数量不断上升，这一方面与现实社会结构的变化相关，另外一个重要的原因是在网络空间中，"网络舆情中良莠不齐、情绪化和非理性化的信息泛滥,容易引发公共危机,即出现群体极化现象"[1]。在传统的媒体社会中,人和人相互沟通和交换信息的方式有限,但在互联网中,人们可以通过社交媒体自由地发表意见和传播观点,个人被放置在社交网络之中。受众不再是不具区分和模糊的个体,而是逐渐被分化为圈子,圈子内部的思想和观念会在传播过程中被放大,获得更大的影响力。因此,目前 Facebook、Twitter 等社交媒体平台上很容易出现热点的事件迅速引爆关注。网络空间的快速流动性、传播性和交互性,更容易发生观念的聚集和升级,而当观念发酵到一定时期之后,就可能出现群体性事件。网络甚至为群体极化现象提供了一个前期动员、信息发布、组织、持续发酵的平台。虽然,在 21 世纪互联网已经成为一个没有硝烟的舆论战场。

这些现象的发生与解构主义不无相关。可以说,解构主义是导致对政府和权威的不信任被放大的深层原因。传统的媒体以新闻叙事的方式为受众建构国家身份认同,以象征化形成受众的国家认知形象,以仪式化为受众营造归属感,以报道内容的模型沉淀化、价值体系的固化达到对主导文化的弘扬。[2]与此同时,通过上述方式来建构民众对于政府权威性的认识和信任。

于是,在网络空间中,由于信息的飞速传播,大众媒体和主流舆论建构出来的政府权威形象可能受到来自不同渠道信息的冲击而产生信任危机。公共话题虽然活跃在虚拟空间中,但它们直接来源于社会,人们在网络空间热烈讨论它们的同时,如果传统媒体滞后或沉默,就会失去弘扬主流文化的核心地位。

针对这种倾向,我国政府应当采取更为多样的治理模式,改变传统的治理理念,吸纳互联网思想中的积极方面,对互联网舆情事件采取更加理性更加主动的立场,积极引导互联网生态朝着更为积极的方向发展。

---

[1]　参见王根生:《面向群体极化的网络舆情演化研究》,《江西财经大学学报》2011 年第 5 期。

[2]　参见徐思:《〈新闻联播〉"神话"的建构与解构》,《吉林大学学报》2011 年第 5 期。

第七章　互联网生态环境的影响因素

互联网思想与互联网价值决定了整个互联网生态的建构基础,并对互联网内容生态治理也会产生影响。互联网思想与互联网价值既是引领互联网生态治理的基本原则,也是构建互联网内容生态系统的基石。正如自然生态环境一样,互联网生态环境的发展也会受到外界因素的影响。从微观上来说,影响互联网生态环境的因素有互联网技术的客观发展水平以及互联网生态链中各方主体的行为。互联网技术的飞速发展带动了互联网生态的不断演化,而互联网生态环境作为互联网生态因子中最为关键的一环更能影响互联网生态的整体发展趋势与发展水平。一般而言,影响互联网生态环境的因素既包括微观的生态环境,例如互联网技术的客观发展水平以及互联网各方主体的行为等因素,还包括宏观的生态环境,如国家政治、经济以及文化环境等。互联网生态环境在某种意义上是现实社会环境的一个缩影,这个缩影所折射出的不仅仅是某一个国家或者某一个民族的社会环境现实,而是糅合了各个不同文化、不同地域环境的特色。具体来说,影响互联网生态环境的因素主要包括互联网技术客观发展水平、互联网主体的行为及其网络文化素养、网络社交与电商环境、政府政策管理与制度。

第一节　互联网思想对互联网生态的影响

互联网思想对互联网生态的影响主要体现在两个方面:一是其对互联网

生态建构的影响,二是对互联网内容生态治理的影响。互联网思想对互联网生态的影响,体现在互联网安全稳定、创新开放、联通普惠与迅捷共享等方面的价值追求。

一、对互联网生态的构建的影响

互联网思想的共性在于"自由"和"平等"。这种自由不仅仅是一种积极的自由权利,还意味着侵犯他人的自由与合法权益应当受到法律的制裁与处罚。自由不是毫无限制地肆意妄为,而是建立在对相应义务的遵循基础之上。义务与权利是对等的,没有义务的履行与遵守就没有权利的自由实现。也正是在这种基础之上,互联网内容才能够在不同的主体之间、跨越不同的界限进行自由传播。在互联网生态形成之前,"自由""平等"等思想理念可以帮助互联网生态主体更好地在网络空间中发挥主观能动性,并能鼓励创新从而促进互联网技术的不断发展。而互联网价值主要表现在安全稳定、创新开放、联通普惠与迅捷共享等方面。这些方面的价值内容又进一步细化了互联网思想的共性,使得互联网思想更接地气。

"安全稳定"是互联网生态平衡的具体表征。"安全稳定"不仅仅是互联网生态发展平衡的一项指标,也是互联网生态平衡与否的重要指标。互联网生态的建构需要安全稳定的环境保障,而与此同时互联网生态体系的建构又有利于安全稳定目标的实现。"安全稳定"意味着互联网能够维持稳定可靠的运行状态,也意味着互联网安全与数据安全。

"创新开放"是互联网生态长久发展的保障。"创新"是互联网自由精神在互联网生态系统中的延续。互联网技术的发展为互联网生态的长足发展提供动力,而互联网治理模式的不断创新也离不开计算机技术创新发展的支持。"互联网+"模式下的金融创新、司法实践创新等都表明互联网生态系统是一项具有创新性与开放性的体系,需要以"创新开放"作为其发展的基本动力。

"联通普惠"是互联网生态建构的黏合剂。"联通"意味着互联网生态系统中的各个要素之间应当保持紧密的联系，以便于互联网内容的自由流转。"普惠"则表明互联网是能够实现双赢或者多赢的，是能够互利互惠而不是损人利己的。互联网生态系统的良性发展需要"联通普惠"价值的普及，需要利用这种价值目标凝聚更多地主体与要素，从而达到平衡发展的目标。

"迅捷共享"是互联网生态系统得以运行的价值保障。"迅捷"代表的是互联网内容传播的速度，而"共享"则意味着互联网内容的互通有无。"迅捷共享"是互联网内容治理过程中必须遵循的一项基本原则，只有得到"迅捷共享"保证的前提之下，互联网主体之间才能够形成比较完整的互联网内容传播链，才能保证互联网生态的良性发展。

二、对互联网内容生态治理的影响

关于互联网内容生态治理的研究主要探讨的是在新的互联网发展时期，面对网络空间中出现的偏向社会文化层面的、涉及互联网内容文化建设的信息对象，政府、企业、网民等治理主体如何对互联网空间进行治理，包含治理规则、治理理念、治理实践、治理风险等多方面的问题。互联网内容生态治理涉及多个主体，而不同主体之间因互联网的连接而联系日益紧密。这意味着互联网内容生态治理不再是单一公共部门的责任，而是需要不同主体协同参与，构建主体协同机制，提高治理水平。互联网思想与互联网价值中所包含的"自由""平等""联通""共享""普惠"等理念恰恰能为互联网内容生态治理提供价值支撑。它们不仅能促进互联网生态体系中资源的流动，还能调和不同网络主体之间的利益冲突，并能为互联网内容生态治理中出现的各种问题提供解决的思路。

"联通普惠"与"迅捷共享"为互联网内容生态治理模式的建构提供了思路，两种价值理念都同时暗含着对互联网主体多样性特点的承认。而多个主体之间的治理需要协调不同的价值观念、需要对不同的文化背景乃至社会需求进行协调。这意味着互联网内容生态需要互联网生态主体协同治理。协同治理是政府部门、市场组织和社会组织相互协调、充分沟通、形成网络化的公共服务供给结构。① 这种供给结构通过纵向与横向的协调重组,有效利用各个供给主体的功能优势和资源条件,为社会公众提供整体性、无缝隙的公共服务。② 主体协同机制则是治理主体之间的互动与运行的一系列模式,确保协同治理得以维系。协同治理理论和主体协同机制为涉及多主体协作的公共事务提供了理论基础和实践参照。由于现代社会各部门联系日益紧密,互联网更是强化了这一特性,互联网内容治理也不再是某一部门的事务,将协同治理理论和主体协同机制应用到互联网内容治理中,衍生出了对治理主体以及治理主体间互动模式的讨论。

"自由""平等"与"创新发展"则为互联网内容生态治理模式的创新留下了线索。自由与创新是一对相辅相成的价值目标。在自由的环境之下,互联网主体更加具有主观能动性,从而也更加能激发其探索新事物的欲望,进而滋生出更多的创新理念。与此同时,创新理念要转化为现实的创新行为与创新活动也离不开自由环境与氛围。只有在相对自由的环境内,人们才能将更多的创新思想转换成为具有执行力的创新行为。在互联网内容生态治理过程中,自由与创新可以让互联网生态治理模式更为灵活。当出现新事物与新矛盾时,自由与创新可以帮助互联网内容生态治理主体发现更加灵活多样的治理手段,从而能够及时应对日新月异的互联网发展。

"安全稳定"为互联网内容生态治理的平稳进行保驾护航。"安全稳定"意味着互联网内容生态治理需要在一个相对平稳的环境中进行。尽管互联网生态治理的主要对象是那些不利因素,但要确保互联网内容生态治理的权威性与可执行性,仍然需要有一个相对安全稳定的外部环境保障。"安全稳定"的外部治理环境既包括现实治理环境,也包括网络治理环境。在现实中,治理主体的权威性可以通过其本身所享有权力以及其现实影响力来展现。例如,

---

① 参见谭诗赏:《社会协同治理视域下公共服务供给机制创新》,《福州党校学报》2016 年第 1 期。

② 参见张贤明、田玉麒:《论协同治理的内涵、价值及发展趋向》,《湖北社会科学》2016 年第 1 期。

政府在互联网生态治理中的权威地位。而在网络环境下,这种权威性与影响力的获得需要的是网络主体的自愿遵从。但任何一个网络主体只有在一个相对"安全稳定"的网络环境下才能获得一定自治空间,否则这种自愿遵从就会变成威逼利诱。可以说,"安全稳定"既是互联网内容生态治理的目标,也是互联网内容生态治理得以顺利进行的保障。

第二节　互联网技术客观发展水平

互联网技术的发展速度已经远远超过任何时代,用"日新月异"来形容也毫不为过。推动互联网技术不断发展的动力除了人们对网络空间的依赖之外,还有就是互联网技术所能创造的价值。互联网技术发展水平已经直接与人们的日常生活挂钩,Web1.0 时代人们依靠浏览器、电子邮件与网络论坛来与人交往,那是一种以网页界面为主要沟通手段的互联网联通技术,已经对人们之间传统的交流交往产生了极大的冲击,让远隔重洋的人们也能在几秒钟之内实现联通。Web2.0 时代的部落格、维基等技术的广泛普及又一次刷新了人们的交往速度,让人们能更快捷、更迅速地找寻到自己所需要寻找的人与信息。而 Web3.0 时代的微博微信将人们的交往平台搬移到了手机、平板电脑等移动客户终端设备之上,让人们能够随时与他人进行交流并获得海量的数据信息。互联网技术的客观发展水平已经逐渐成为人们在网络空间生活水平的折射,技术水平转化为现实的生活与生产水平已经不再是幻想。

与之相适应的是,互联网生态环境也因为互联网技术客观发展水平的不断提升而发生了变化。互联网生态环境是一种动态的环境,不断地受到各种外在与内在因素的影响。互联网技术的客观发展水平在不断改善人们的生存、生产与生活条件的同时,也在不断地重塑着人们的思维观念与思想。当人们的思维方式与思想认识,协同其外在的生存、生产与生活条件发生改变之时,整个互联网生态环境也就相应地发生了变化。因此,互联网技术的客观发展水平是影响互联网生态发展趋势变化的内生因素。

　　一方面,互联网技术作为一座桥梁为我们的生活与思维乃至思想设置了一个基本的框架与范畴,我们的生存与思维被限定在这个框架之内进行活动,不能逃离这一框架而凭空思索。这主要是因为在网络空间中,人们的任何行为都会转化为数据信息的形式,在经过数字符码化处理之后,才能在网络空间中进行加工、存储与传播。在网络运行的架构之下,代码成为人们行为活动不可或缺的依据,人们的生产、生活不能超越这一框架而单独运转。以智能合同为例,智能合同缔约主体之间的邀约和承诺行为都通过数字化形式进行,双方主体的主观意思表示也是通过代码写入计算机系统的,因此智能合约双方合意达成之后便启动自动化履行。换一种思路来看,由于智能合同语境下的达成合意与合同履行几乎是同时开始的,合同履行可以倒推双方合意达成的客观真实性与合意的时间,合同的效力有无、合同的履行是否存在瑕疵等代码化责任的认定都不能脱离先前的代码化缔约行为。人的主观能动性被智能场景弱化,对合意的修改和反悔成本更大。

　　另一方面,互联网技术改变人们的生产生活方式,同时也引起了整个社会组织结构、权力关系以及技术控制的根本性重构。网络空间首先是作为一种计算机仿真技术发展的产物,但当人们沉浸其中之时就会形成一种虚拟实在。这种虚拟实在表现为一种符号的形式,它不仅仅能够再现现实生活中的事物原型,还会对现实生活中的事物原型产生反作用,并与该原型之间发生互动。在这种互动与反作用的协调之下,现实生活与虚拟实在之间的差异性逐渐缩小,从而不再只是现实生活中制度的反射,而是能对现实生活产生真正的影响。社会制度、权力关系以及技术控制等都会相应地发生改变。例如,为防控疫情传播,我国推出了"健康码"小程序,通过个人填写身份、健康状况、近期行程等信息,评估其感染病毒的可能性,便于自查疫情传染的情况等。"健康码"是智慧社会治理的手段,通过个人授权使用并通过数据分析处理模拟社会组织功能,以达到社会高效治理目的。

第三节　互联网主体的行为及其网络文化素养

互联网生态的参与主体包括网民、网络企业（如互联网内容制造商与互联网+商业模式中的企业）、自媒体与融媒体等多方主体。而以上各方主体的行为将对互联网生态的发展产生直接的影响。这是因为互联网生态作为一个典型的复杂适应性系统，包含了多主体间的相互作用，具备了复杂适应性系统的一般特征。信息流转机制是互联网生态链中最关键和最本质的运行机制。① 正如上文所述，互联网生态链中参与信息流转的有网络信息人、网络信息处理系统和网络传输介质。网络信息人包括网络信息生产者、网络信息传递者和网络信息消费者；网络信息处理系统包括网络终端和网络平台。② 网络信息处理系统包括网络终端和网络平台。互联网生态中的各方主体共同作用相互协调，从而影响了整个互联网生态环境的变化。

首先，互联网生态系统中的主体通过自我学习而互相协调、互相适应并互相作用，从微观层面影响互联网生态系统的整体运行过程，从而对互联网生态环境产生直接的影响。根据约翰·霍兰德（John Holland）教授所提出的复杂适应性理论，复杂适应系统是指那些在系统的演化、发展过程中主体能通过学习而改进自己的行为，并且相互协调、相互适应、相互作用的复杂动态系统。③

其次，互联网生态系统的各个参与主体的行为不仅能单独对互联网生态

---

① 参见张慧玲：《网络信息生态链研究进展与展望》，《情报探索》2014 年第 7 期。

② 参见员婵茹：《网络信息生态链运行机制分析》，《无线互联科技》2015 年第 15 期。

③ 霍兰德认为，由适应性产生的复杂性极大地阻碍了我们去解决当今世界存在的一些重大问题，因此，他对复杂性的研究重点是放在复杂性的一个侧面——围绕"适应性"（adaptation）的复杂性。复杂适应系统不同于一般复杂系统的特点，也是它吸引大量研究者进行研究的原因：第一，系统具有明显的层次性，各层之间的界线分明。第二，层与层间具有相对的独立性，层与层之间的直接关联作用少，个体层的个体主要是与同一层次的个体进行交互。第三，个体具有智能性、适应性、主动性与并发性。参见王中阳、张怡：《复杂适应系统（CAS）理论的科学与哲学意义》，《东华大学学报（社会科学版）》2007 年第 3 期；葛永林、徐正春：《论霍兰的 CAS 理论——复杂系统研究新视野》，《系统辩证学学报》2002 年第 3 期。

环境产生影响,而且他们之间的互动与交往能影响整个互联网生态环境的质量。与自然生态环境和社会生态环境一样,互联网生态系统中的参与主体具有能动性,其不仅受到环境因素的客观影响,而且其行为又会反作用于客观环境。随着参与主体的能力不断增强,其与环境的关系不仅仅是被动的接受,还能够主动地改造环境。互联网生态环境在本质上是一种媒介生态环境,其参与主体具有多样性与复杂性的特点,各方主体的能动性对互联网生态环境产生的影响也更为复杂多元。

除了客观因素之外,影响互联网生态的因素还包括网络文化素养。网络文化素养的高低程度在网络参与主体的行为活动过程中得以体现。网民在网络空间的行为与活动与其主观意识、文化程度、修养素质、守法意识等密切相关,而以上因素又会对整个网络生态的文化氛围产生影响。以博客信息生态链的演进过程为例。博客信息生产者数量的不断增加使博客信息的数量飞速增长,如果博客信息技术不能同步发展则会因为信息承载量剧增而出现网络崩溃,从而使部分博客信息源丢失。这就是客观技术因素对网络信息生态链的直接影响示例。但与此同时,也还会出现一些因网络文化因素而造成的网络信息生态链断裂的情形。例如,某些博客信息消费者恶意窃取私密的博客信息,侵犯博客信息生产者的隐私权、著作权等权利,导致博客信息生产者不得不删除其博客信息,也会造成博客信息生态链的断裂。再如,黑客利用病毒侵入同样也会破坏互联网生态系统中的信息源,从而使得信息生态链断裂。因而,提升网络文化素养,净化网络空间生态环境也是影响互联网生态长足发展的重要因素。例如,李子柒是当下很有影响的互联网内容生产者,与其他网红赚取注意力的方式不同,李子柒以古朴的田园写意图景,展示宁静淳朴的乡村环境,同时还原再现几近失传的手工农副产品制造工艺,引起国内外网民的关注。然而,自 2021 年 7 月起,李子柒账号停止更新。停更的主要原因是李子柒与合作股东杭州"微念"公司的法律纠纷。同年 10 月,李子柒诉杭州"微念"品牌有限公司的请求得到立案,但是李子柒在双方合作投资的"子柒文化公司"控股 49%，不具有绝对优势。随着"微念"陆续将以李子柒注册的相关商标转让给本人，算是双方达成了和解。也有一些类似网红与运营公司权益法律纠纷中，未能达成和解的，作为内容生产者的网络，因不能接受资本的摆布，清空原来账号的内容，独自另起门户。此类纠纷，一方面反映网络信息生态链的常态化演进受到网络内容权属争议、网络内容商业化运营等因素的影响；另一方面也反映网红运营企业也应具有比普通网民更高的网络素养，有更高的思想站位，不能为利益驱使，阻碍正能量网络内容的传播。

第四节　网络社交与电商环境

网络社交平台已经成为网络信息交换的重要场所。网络信息生产者在网络社交平台上发布并分享各种信息，从而形成一条条清晰的信息链，构筑起一个个完整的互联网生态系统。可以说，网络社交已经成为互联网生态系统中极为重要的组成部分。网络技术为人们及时进行通信创造了前所未有的便利条件。例如，IM 是 Instant Messaging（即时通信、实时传信）的缩写，是一种可以让使用者在网络上建立某种私人聊天室（chat room）的实时通讯服务。[①] IM 的特点在于可以让使用者在一个相对私密的空间内进行交流，使传播的私密性得到保证。中央网信办协调局与北京大学新媒体研究院合作进行的《中国网民网络参与行为研究》调查数据显示，大部分网络用户选择通过 QQ、MSN 或 G-talk 等 IM 软件与相识的人进行聊天或群组聊天。但是选择和陌生人进行聊天的用户是少数，调查数据显示，比较常见或经常出现与陌生人聊天的用户占比为 25.4%。选择和相识的人交流，是我们在现实人际交往中的常见行为，而通过 IM 软件，我们能够跨地域空间与对方进行即时通信，因此 IM 类应用是很多人和相识的人进行交流的首选工具。而在群组中，我们的聊天对象

---

① 参见王全彬：《基于 Java 的网络即时通讯系统的设计与实现》，电子科技大学 2007 年硕士学位论文，第 2 页。

都是和自己在某个方面有共同兴趣或需求的人,因此也占有一定的比例,受调查者中"比较常见"或"经常出现"群组聊天这一行为的用户占比为53.6%。从以上数据可发现,网络社交已经打破了现实社会中的熟人社交界限,可以同时与位于不同地区的多个人进行即时通信。与之相适应的是,网络社交规范也与现实社交规范之间产生了差异。在上述调查中,研究者主要调查的对象就包括微博用户、微信用户以及贴吧、论坛等网络社区用户。

互联网的跨时空性和跨地域性给网络用户提供了极大方便,随着互联网的普及,人们不必再局限于时间和空间,随时随地都可以获得需要的信息资讯,而以微博为代表的SNS网站,更是人们进行人际间交往的便捷工具。研究发现,在微博用户群体中,基于现实的人际关系是互联网用户在网络中进行人际传播的一大特点,在网络中的联系人70%以上都是在现实生活中认识或熟悉的交往对象。这反映了微博用户的关注点主要集中在熟人圈,其次是明星名人等个人的兴趣爱好领域。微博并不是单一的信息发布平台,传播的交互性定义了微博是人们相互关注和交流的媒体和通信工具。通过微博,我们既可以发布信息,也可以获取信息。同时通过微博的转发功能,使信息得以扩散,形成强大的舆论场,引起人们的关注和多次转发。事实上,微博用户主动发布第一手新闻或小道消息的并不在多数,用户更倾向于使用微博记录自己的生活,以及和朋友进行相互之间的回复。线下面对面的人际传播以及线上的互动交流,丰富了人际交往的渠道和意义,同时也增加了微博的用户黏性。以满足个人需求进行的微博关注活动也占有一定的比例,个人需求包括对某一领域的研究或兴趣,对明星名人的关注,对突发事件或新闻的关注等,通过微博的搜索和标签功能,可以关注目标领域的微博"大V"或普通用户,获取高质量的信息或咨询。总之,微博为用户提供了多方面的信息和多种的参与方式,用户根据自身的需求和对微博的使用选择合适的微博活动方式,以满足自己的传播需求。

微信作为人与人之间通过网络进行传播的重要媒介之一,与其他网络媒介相比较,更加方便、高效、快捷,能在广泛的范围之中迅速建立起人际交流的网络,将现实和网络中的人群聚集起来进行信息的沟通和分享,加上微信所拥有的特殊的功能能够迅速打破人与人之间的隔膜而建立起一个稳定的沟通关系,因此人际传播在微信的沟通过程中是一个十分显著的特点。在微信的传播过程中,最为主要的功能是其点对点的人际传播功能,但是也不能因此忽略其大众传播的功能导向。大众传播在微信中体现的最为明显的就是其公众账号的信息发布行为。微信公众账号会定时定期向受众推送一定的信息内容,并且补充和整合传统媒体所报道的内容,但是这种传播模式具有的一个缺点——传播方式主要基于单向传播,用户无法对所推送的内容进行提问,同时,对话过程相对独立,缺乏用户与用户之间互动,用户也很难获取到多元的信息。此外,在内容上,同质化严重,往往其所推送的信息都是传统媒体电子版内容的复刻,不够新颖,难以吸引用户的注意力,关注度较低。由此可见,除了点对点的人际交流功能之外,微信的大众传播功能也为互联网生态的形成提供了条件。

网络论坛为网络舆论的形成提供了场所,网络论坛中的信息互动形成舆论场,舆论场突破了时空的限制,组成了动态的网络内容流动状态。与静态网页的非实时异步性和聊天室的实时同步性不同的是,论坛中的传播具有实时同步和非实时异步相结合的特点。在网络论坛中,参与者可以自由选择同步和异步的方式进行交流。网络论坛的这种特点,既满足了参与讨论需要交流和表达的需求,又克服了由于不同参与者和空间的限制,有利于信息的交流与人的互动。以网络论坛、贴吧为主要组织形式的网络社区主要有两种结构,一种是"圈式"结构,一种是"链式"结构。圈式结构使社区边界明确,社区成员有较明确的身份意识,社区成员作为一个集体进行的交往比较多,成员对社区的归属感更容易形成,因此,这种结构更有利于社会学意义上的群体的形成。①

除了网络社交平台以外,电子商务在互联网技术的支持之下也已经遍及

---

① 参见彭兰:《网络社区对网民的影响及其作用机制研究》,《湘潭大学学报(哲学社会科学版)》2009年第4期。

各个网络平台。与网络社交不断普及同步,网络社交平台也衍生出很多电商小程序;网络资讯平台上网络广告铺天盖地,而通过点击链接就可以直通网上购物频道,以上种种都表明电商环境已经成为互联网生态环境中的重要构成部分。除了专门的网络购物平台,如天猫、淘宝、京东、拼多多等大型购物APP 之外,以微信、微博等网络社交平台为依托的微商圈也逐渐占领了很大一部分电商市场。电商环境与网络社交环境出现了不同程度的重叠情形。因而,电商环境也成为影响互联网生态的一个重要因素。

目前,国内电子商务网站的巨头主要包括阿里巴巴、京东、唯品会、拼多多等。在智能手机的广泛运用与普及的背景下,以上电子商务网站又开发出了独立的 APP 以供更多的手机用户使用。他们在商业利益的驱使之下形成了自我集群,并构筑起内部系统和外部环境之间的壁垒。但与此同时,以上电子商务巨头之间也存在着不断竞争的冲突关系,这一点从淘宝和其他电商平台如京东间的"价格战"便可见一斑。这种竞争一方面不利于效率的提升;另一方面用户的权益往往成为平台竞争的牺牲品,形成网络负反馈效应。对于整个互联网生态而言,电商环境的稳定与否会影响整个互联网生态系统的稳定与安全。

第五节　政府政策管理与制度

影响互联网生态的还有宏观的生态环境,包括政治、经济、文化等环境因素。互联网生态系统的子系统可以包括互联网政治生态、互联网经济生态、互联网文化生态等,这种分类也是在考虑了影响互联网生态环境的宏观因素之后所做的区分。以上宏观因素实质上反映的是一些人类基本的社会制度。人类的生存,实际上是人自身与环境交互作用的过程。在人类的生活受到环境约束的同时,人类社会制度的变迁对于互联网生态也会产生反作用。

一方面,互联网技术的发展要受到人类社会制度的约束与规范。正如卡尔·施密特所论述的那样,哪怕是新时代势不可当的科技发展,也必须嵌入某种具体的体制之中,才是对世界历史的变迁和人类天命的变化真正的回应,而单单只是依靠科技手段的成功,绝不意味着新时代的到来。事实上,人类社会的一个永恒的命题就是,只要是人设计出来的,就一定会受到社会规范以及法律体系的调整,互联网技术也概莫能外。①

另一方面,互联网技术的发展也会影响人类社会制度的变迁。在人的社会,人不仅仅是影响社会环境变迁的因素,人还会受到社会环境变化的影响。互联网生态依托于网络空间,而人又是网络空间最好的标注。人的数量、活动、人与人之间的社会关系是决定空间特征的最重要也是最为微妙的因素。在经济领域,互联网技术改变了传统的商业运行模式,甚至创造了全新的经济模式。随着"互联网+"的提出,更多的产业在进行产业升级、机构改革以及技术创新的时候会将互联网技术的运用作为最基础的原动力,并将互联网技术应用到经济生活的各个方面。互联网企业的兴起与不断扩大现象背后伴随的不是企业效益的边际递减,而是规模效应显著提升,且出现了"赢者通吃"的新的经济学现象。"赢者通吃"现象主要就是优胜者占了所有的好处,其他人则获取不到一点好处。互联网技术下兴起的新商业模式,如"共享单车""共享汽车"等商业模式逐渐被打造成为新型的经济增长点。分享经济利用网络技术与数据的支持降低了交易成本、优化了闲置资源的利用,向产权制度的既有理解提出了挑战。②

在政治范畴内,互联网所提供的网络平台为公民行使言论自由、实现宪法所保障的批评建议权等基本权利提供了更为便捷的表达渠道与表达方式。在网络空间中,互联网为更为民主的政治讨论与意见发表创造了条件,从而形成

---

① 参见时飞:《网络空间的政治架构——评劳伦斯·莱斯格〈代码及网络空间的其他法律〉》,《北大法律评论》2008年第1辑。

② 参见谢新洲:《互联网思想的内涵与意义》,《北京大学学报(哲学社会科学版)》2018年第1期。

了新型的公共空间。网络言论自由得到了最大限度的开发,而与之同时形成的还有更为民主的政治生态环境。网络空间已经被视作民主政治得以实现的新场域。

第八章　互联网生态治理

互联网生态平衡意味着互联网生态各个要素之间都相互协调、和平共处。当互联网内部出现矛盾冲突时,有自发的协调机制来化解这一矛盾冲突。互联网生态系统的平衡则意味着构成互联网生态的各个要素之间的协调与制衡。一旦矛盾冲突超出了互联网生态内部协调自治的范畴,互联网生态就存在失衡的风险。因此,想要恢复互联网生态平衡就需要对互联网生态进行治理。互联网的迅猛发展不仅改变了人们的日常生活方式,还冲击了传统的治理体系。在互联网治理大背景之下,互联网生态治理的提出就变得更有意义。作为互联网治理中的重要组成部分,互联网生态治理是从社会学、生态学的角度对网络空间、网络社会等虚拟场域秩序的维护,是对那些阻碍网络社会良性发展的人或事的制止与惩罚,也是对着整个网络社会秩序稳定的积极引导。

第一节　互联网生态治理的必要性

互联网是把"双刃剑"。网络生态治理保障网络安全、公正和平等,推动技术分享、保护和发展,然后使互联网成为造福人类的得力工具。同时互联网也为有害信息和侵权行为提供"温床",互联网治理是大势所趋。互联网应该注重保护公民合法权益,而不能成为违法犯罪活动的"温床",更不能成为实施恐怖主义活动的工具。实现好、维护好、发展好最广大人民根本利益是法治建设的目标,同样地,保障公民的合法权益也是互联网空间治理和立法的根本目标。网络生态治理的出发点,正是为了治理这些侵害公民合法权利的网络不良行为和违法行为。只有加强对于网络空间的治理,才能创造一个坚守公民合法权益底线的良好秩序空间,保障公民在互联网这一虚拟社会中的各项权利不受侵害。

第一,互联网生态治理是维护公民合法权益所必需的。网络改变了人们发送、处理和接收信息的方式,重构了人和人之间、人和社会之间的关系,每个网民都成为网络空间的一部分。他们因网络而连接,因网络而互动共享,也用自身的信息生产和传播活动共同塑造了整个网络社会。网络空间的创造者、参与者和影响者都是人。由此带来的一个危险是一旦网络空间秩序失控,网络中的人就会被波及,公民是最直接的受害者。

我国宪法明确规定要保护公民权益不受侵害。当前网络空间中,由于网络秩序和法治建设尚有不完善的地方,侵害公民合法权益的现象时有发生:一些公民的隐私被互联网的日光照射,被迫曝露在公共视野之下;一些公民的合法知识产权被侵害,没有获得应有的保护和尊重;人肉搜索和网络暴力充斥网络空间,公民基本的隐私权、名誉权等被侵犯;等等。

第二,互联网生态治理是维护社会公共秩序所必需的。网络迅速普及使我国网络社会呈现出快速发展的状态,网络秩序和法治建设必须适应这种快速发展的现实,否则一个小小的病毒视频或一段极具煽动性的文字都可能被千万次地传播,从而对社会的公共秩序产生危害。互联网对于社会公共安全造成危害的表现形式众多,如虚假片面的信息环境和舆论引导,利用社交媒体进行群体活动的动员、组织和传播等等。这些网络上的信息一旦获得舆论的高度关注之后,就将成为刺进现实社会的一把"利刃"。

目前来看,网络空间失序正是危害社会公共秩序的重要原因。当无序的网络行动和网上舆论影响和进入现实社会后,会影响整个社会的基础稳定和良好秩序。社会公共秩序的维护,不仅需要政府和决策部门构建一个制度体系来进行保障,还需要参与其中的民众树立良好的网络参与意识和网络法制意识。无论是制度和法制的建设完善,还是民众意识的培养,都需要长期和系统的过程。

第三,互联网生态治理是维护国家安全和利益所必需的。自从国家这个政治共同体出现之后,人类随之创设了一系列的政治制度来规范统治者权力和民众的行为,以维持基本的公共秩序。国家安全是一个国家的主权、领土、政权和政治制度以及意识形态不受别国的干涉和破坏,拥有自主性和独立性。网络空间是一个多方参与、沟通和协调的空间,各国的利益在这里交织和博弈。许多国家和政府已经意识到网络是政治动员和政治参与的新手段、新工具,加紧争夺制网权,从而保障国家在网络空间的格局和利益。各国在网络空间实现自身利益存在共识,美国的国家网络安全综合计划、英国的网络安全战略等都意识到了要充分利用网络来保护国家的安全,如收集危险信息、打击恐怖主义与有组织犯罪等等。但就目前来说,各国各自为政的局面明显,国家之间缺乏针对互联网安全和网络生态治理的共识,导致一个世界范围内的网络框架无法建立,对于各国之间达成多边合作、确保整体的网络安全来说极为不利。当前由各国利益冲突、意识形态冲突、极端思想传播等导致的网络恐怖主义、网络中心战等为各国的网络环境蒙上了一层无法摆脱的浓雾。如何确保国家安全和利益是各国政府在参与网络空间秩序构建和体系运营时应放在首位的问题。

第二节　互联网生态治理的目标

互联网治理的目标有长期目标与短期目标之分,也有国际目标与国内目标之分。根据治理目标的重要性与实现难度的不同,互联网生态治理的目标又可以划分为基础性目标、阶段性目标以及终极目标等。我国的互联网生态治理目标是多层次的。当前中国互联网生态治理目标由低到高可以分为安全、稳定、清朗三个层次。

第一,互联网生态治理的基础性目标是安全。早期互联网生态治理的安全需求有两层含义:一是保障互联网系统本身的安全,主要任务是既要保障信息的安全,也要防止计算机病毒等信息对计算机信息系统运行形成威胁;二是保障国家和国家秘密的安全,确保中国接入国际互联网后不会因此受到威胁。早期中国对安全目标的追求大多是因为中国对互联网充满未知,因此这一管理目标在表述上也显得较为宏观。

需要注意的是,安全的管理目标一直是中国政府高度关注的基础性目标,在互联网接入中国初期显得尤为突出。2000 年全国人大常委会颁布了《全国人民代表大会常务委员关于维护互联网安全的决定》,同年颁布的《中华人民共和国电信条例》也有专设一章规定"电信安全",2016 年《中华人民共和国网络安全法》更是全票通过。2014 年中国成立超高规格的中央网络安全和信息化领导小组,2018 年改为中央网络安全和信息化委员会。习近平总书记多次强调指出,"没有网络安全就没有国家安全,没有信息化就没有现代化。"①"网络安全和信息化是相辅相成的。安全是发展的前提,发展是安全的保障,安全和发展要同步推进。"②这都足以表明中国一贯将安全置于互联网管理的首要位置。

第二,互联网生态治理的阶段性目标是稳定。随着计算机技术的不断发展以及人们对于网络空间需求的增加,中国互联网生态治理的目标在基础性目标之上升级,开始追求引导互联网信息对社会稳定发展有利。从 2002 年颁布的《互联网上网服务营业场所管理条例》中新增"危害社会公德或者民族优秀文化传统的"内容,到 2011 年文化部颁布《互联网文化管理暂行规定》规定:"从事互联网文化活动应当遵守宪法和有关法律、法规,坚持为人民服务、为社会主义服务的方向,弘扬民族优秀文化,传播有益于提高公众文化素质、

---

① 《习近平谈治国理政》第一卷,外文出版社 2018 年版,第 198 页。
② 习近平:《在网络安全和信息化工作座谈会上的讲话》,人民出版社 2016 年版,第 15 页。

推动经济发展、促进社会进步的思想道德、科学技术和文化知识，丰富人民的精神生活"，再次将管理目标拔高了一个层次。

除此之外，利用互联网发布传播虚假信息、从事非法交易或侵犯他人权益等现象也成为这一阶段政府关注和治理的重点问题。2001 年，针对频发的网络著作权侵权现象，国家新闻出版总署推出了《互联网出版管理暂行规定》，对互联网出版活动进行有效规范。2004 年，国家食品药品监督管理局颁布《互联网药品信息服务管理办法》，对互联网药品信息服务活动进行规范，此后关于互联网著作权、新闻信息、电子邮件、视听节目、金融新信息服务、医疗保健、网络游戏等各领域的法律法规陆续出台。这一时期，出台的法律法规数量多，内容集中在打击互联网"假丑恶"现象，维护社会稳定、健康发展，并试图营造良好的互联网文化氛围。

第三，互联网生态治理的终极性目标是清朗。党的十八大以来，以习近平同志为核心的党中央高度重视互联网意识形态工作，网络生态治理更加有法可依、有法必依、执法必严。治理网络乱象、利用互联网传播正能量，让网络空间"清朗"起来，成为当前我国网络生态治理的最高目标。"清朗"建立在安全和稳定的基础之上，如果说安全和稳定的管理目标是一种"底线"管理，那么"清朗"则是高层次的追求。这一目标之下，网络生态治理融入了价值判断和意识形态追求，管理者定义了网络空间应有的样子，在抨击网络"假丑恶"的基础上，更强调追求"真善美"，归结起来就是要利用互联网传播正能量。

第三节　互联网生态治理的基本原则与科学路径

互联网生态是一个动态的生态体系，要实现治理目标就必须遵循一定的基本原则，并规划好比较科学的路径与方案。从良好网络生态的理想状况来看，"以民为本、弘扬正气、风清气正、齐心同德"，是建设中国互联网生态的主要目标，而要达到这样的目标，必须要强调的是"有序"。一方面，将互联网生态作为一个整体、从互联网生态构成视角来看,要处理好其中各要素间的秩序,这就要求网络生态当中,环境、信息和主体之间的关系要健康、可持续。另一方面,从互联网生态运行的视角来看,要处理好在网络生态中活跃的各主体之间的秩序,这就要求作为主体的政府、行业与网民个人之间也要形成互联互通、健康有序的关系。

一、互联网生态治理的基本原则

为构建良好网络生态,在着手构建网络生态治理体系时必须从两个层面都进行考虑。根据互联网生态系统的构成要素,第一个层面主要从环境——信息——主体层面来论述互联网生态治理的基本原则;而根据治理主体层次的不同,互联网生态治理的基本原则的第二个层面则是政府——行业——个人。下面,本书将从这两个层面分别讨论建立互联网生态治理体系需要遵循的基本原则。

1. 环境——信息——主体层面

第一,要以全球视野构建互联网生态治理体系。网络生态环境开放、互通的特点要求必须以全球视野构建网络生态治理体系。网络空间作为人类的"命运共同体",内在地决定了发展和治理互联网必须树立全球意识、构建互联网全球治理体系;信息网络传播的跨国界特点,也意味着建设网络生态必然涉及国际协作和分工。[1] 中国必须积极发挥负责任大国的作用,积极参与全球互联网治理体系改革和建设,不断贡献中国智慧和中国方案,提升国际话语权,把握规则制定权。[2]

第二,要加强网络内容建设,鼓励网络文化作品内容创新。提高网络传播

---

[1] 参见王水兴、周利生:《十八大以来党对互联网治理的新认识》,《武汉科技大学学报(社会科学版)》2016 年第 1 期。

[2] 参见戴双兴、冀晓琦:《G20 框架下全球投资治理变革与中国的应对方略》,《经济研究参考》2019 年第 22 期。

内容质量是网络传播有序进行的前提和保证,要增强优质网络文化产品和服务供给能力①,弘扬网络正能量,构建向上向善的网络舆论生态。

第三,要加强网络空间上的宣传教育和引导工作。网络生态治理体系不仅要强调对违法犯罪行为的"治理",还要强调网络舆论信息的"疏通"和"引导"。要以社会主义核心价值观为引领,引导网民树立正确的网络使用观念,引导内容提供者合理发言、文明表达,引导平台提供者树立社会责任意识。网络空间的宣传和引导工作目标是让各个网络参与者心往一处想、劲往一处使,在网络空间中凝聚共识,形成同心圆。

2. 政府——行业——个人层面

从网络生态运行的角度来看,网络治理生态体系要明确国家、行业、个人三大主体之间的关系和各自发挥的作用。三者之间关系和谐有序,才能把生态治理体系的作用落到实处,切实推动良好网络生态的建设。而网络生态治理不是单靠哪一方主体的一己之力就能完成的,建立我国网络生态治理体系,需要坚持这一原则:以政府为主导,充分调动各方的积极性,探索建立政府、平台企业、社会共同参与的协同治理机制,形成"政府主导、多方参与、共同治理"的良好格局。

(1)政府方面

第一,政府要主导多方共治,充分调动社会力量参与。建议在相关法律法规中明确政府和社会力量各自的权力与责任,要求企业、社会组织与个人承担更多的责任,权利与义务相对等。政府要积极动员社会力量参与网络生态治理,对社会可以解决的问题适度放手、放权;对于社会解决不了的问题,必须配置充分资源予以解决。政府要加强部门间协调,提高政策的生态效能;协调制定网络生态发展及治理的中长期战略;根据发展与规范兼顾的目标,促进和协调部门之间的合作。

---

① 黄楚新:《加强网络内容建设,提升网络传播质量》,人民网(2017-10-25)[2022-05-05],http://media.people.com.cn/n1/2017/1025/c40606-29608322.html。

第二,要完善生态治理体系的顶层设计、相关法律法规,与时俱进,做到有法可依。近年来,国家密集出台相关法律法规和文件,《国家网络空间安全战略》《网络安全法》《网络产品和服务安全审查办法》和《未成年人网络保护条例》等法律法规的相继出台,从顶层设计上构建网络与信息安全保障体系,为保障中国网络空间的安全有序铸造一道坚固的"防火墙"。但网络发展日新月异,相关法律法规、司法解释、规章条例的更新都需要与时俱进,要在实践中提出问题,并解决完善。

第三,要做好执法治理队伍的建设,使法律落到实处,做到有法必依。生态治理体系的建设,离不开治理队伍的形成。建设以国家网信部门负责统筹协调,有关主管部门各尽其职,平台、企业、社会共同参与的生态治理机制,搭建网信工作生态治理团队,统筹合作。生态治理团队各主体要明确治理权责和任务分工,针对政府、企业等可结合网络生态评价体系出台治理绩效考核机制。

第四,要处理好发展与安全的辩证关系。网络生态治理中的很多问题是在发展过程中发现的、在发展中解决的。所以要用安全来促发展,而不是单纯追求安全而限制和牺牲发展。①

(2)行业方面

第一,要鼓励行业组织的发展,提高行业自律机制的效力。注重行业组织的整合能力,提高行业组织的权威性与约束力;行业公约的制定要更加谨慎、注重其执行效力;推进更高级别的行业标准制定、要把礼会责任和行业的发展作为核心。一旦这样的行业标准制定出来,行业组织应当积极推动它的实施,并促进相关监管机制的建立健全。

第二,互联网企业要增强社会责任。互联网企业生存在社会之中,不能只讲经济责任、法律责任,还要讲社会责任、道德责任。在这一方面,可以根据我

---

① 韩丹东:《网络综合治理体系如何构建?》,《法制日报》2017 年 10 月 25 日。

国实际和互联网产业发展状况,制定我国互联网企业的社会责任标准,由第三方权威机构定期发布评估报告,并对违背社会责任要求的典型行为进行通报。①

(3)个人方面

核心是要培养好公民的网络素养。公民的网络素养,不仅包括获取、分析辨别、评价和传播网络信息的能力,还应包括利用网络解决问题的能力,更为重要的是,在信息获取、利用、创造过程中对公德伦理、法律法规的遵守。② 它是网络传播时代公民自我管理、文化素养、社会责任感的重要体现。只有加强培养用户运用互联网的能力与素质,才能从根本上使网民在网络空间生态的建设中扮演更积极的角色,为网民的自律提供基本的保障。③

二、互联网生态治理的科学路径

要构建我国网络良好生态,必须要强调的是"有序"。"有序"代表着一种健康秩序的构建。与互联网生态治理的基本原则需要从互联网生态的构成要素与治理主体两个层面入手一致的是,这套秩序也需要包括两个层面(见图8-1):

第一个层面,是网络生态作为一个整体、从网络生态构成视角来看,要处理好其中各要素间的秩序。这就要求网络生态当中,环境因子、信息因子和主体因子之间的关系保持平衡和稳定,这是更为宏观视角的"大秩序"。第二个层面,是从网络生态的运行的视角来看,要处理好在网络生态当中活跃的各主体之间的秩序,这就要求作为主体的政府、网络服务平台与网民用户之间也要形成互联互通、健康有序的关系,这是更为动态、积极视角的"活秩序"。为构

---

① 参见田丽:《增强互联网企业社会责任意识》,《人民日报》2016 年 5 月 9 日。

② 金金:《加强青少年网络素养教育培育中国合格好网民》,《青春期健康》2017 年第 21 期。

③ 参见高钢:《中国数字媒体内容国家监管体系研究》,高等教育出版社 2009 年版,第 197 页。

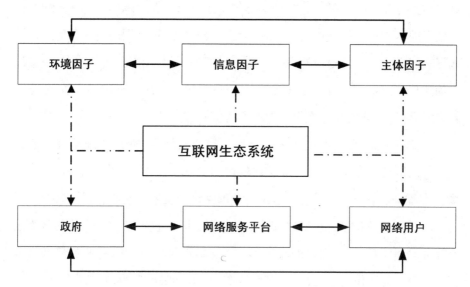

图 8-1　生态构成视角与生态运行视角下的网络生态结构示意图

建良好网络生态,必须要考虑到这两个层面所提出的要求:既要考虑总体网络生态的现状和平衡,又要考虑到网络生态的动态运行和可持续性发展。

1. 构建互联网生态综合治理体系

"网络生态综合治理体系"从环境——信息——主体这一网络生态结构构成要素的理论基础出发,站在管理者的角度,提出针对互联网生态环境、生态系统中流动的信息、生态系统中活跃的主体的治理措施,并且着重强调弥补现有网络生态治理模式中的弱点和盲点。

在环境方面,我国应当建立系统的网络生态环境的评估、监测、预警与问题处理机制。首先,这需要以较为成熟、可操作的网络生态评价指标体系的出台为基础,并且系统化、常态化、规范化地对我国网络生态进行评价、定期发布网络生态评价报告。其次,在生态评价的基础之上,需要建立相应的网络生态电子数据库,根据地域、行业领域进行分类、整理和可视化工作,定期维护、更新数据,并且推进网络生态数据库成为权威的数据和案例资料,在各网络治理相关部门、第三方评估和研究机构以及社会公众之间得到有效传递和利用。

再次,有了前序评价工作和数据库的铺垫,建议未来在此基础上进一步建立网络生态问题预警及处理机制,从而更全面、更及时地把握网络生态环境的现状和可能产生的问题。通过使用系统动力学建模、复杂网络分析等技术,搭建风险预测预警模型以及可视化仿真平台,对网络生态风险进行实施评估、前瞻预测和科学控制,并反哺网络生态数据库的丰富和完善。

在信息方面,无处不在的信息要素是整个网络生态的"血液",我国要建立良好的网络信息生态,发挥多主体的协同治理功能,需要建立网络信息内容综合治理的管理与协作机制。考虑到中国网络内容发展现状,从管理体系、运行机制、保障机制、追责机制以及技术支撑,提出一套较为完善、系统的网络内容综合治理体系;提出实现跨部门、跨层级、跨地域、跨系统、跨业务的网络内容监管分工与协作机制;提出政府监管与网民自律、内容安全与内容创新、用户管理与平台管理等相互兼顾、协同运作的网络内容综合机制。

在主体方面,站在执政者的角度,我国应当充分发挥以政府为主导、多方参与协作的治理模式,形成"政府主导、多方参与、共同治理"的良好格局。而在网络生态主体要素的治理与规制方面,则建议自律和他律双管齐下,这样才能充分调动政府之外的社会力量对于网络良好生态建设的积极性。首先,建议强化互联网行业自律体系,明确行业主体的权利责任和义务,充分发挥行业协会的号召力。其次,在自律之外他律也不可或缺,在经济效益之外必须强调互联网企业的社会责任的履行。因此建议进行互联网企业信用管理体系的建设,可结合网络生态评价指标体系为互联网企业信用进行定期评价和排名,公布黑红榜单,奖惩分明,对企业进行鞭策;同时还可制定互联网企业公民规范,加强企业作为网络生态重要主体的道德伦理建设。再次,公民网络素养建设也是主体治理中不可或缺的一环,在加强宣传教育的同时,也应根据网络内容的类型及社会影响范围,提出信息发布主体责任追究机制,并树立公民网络素养的典型与规范,为网络素养培养提供依据。同时也应提出网络内容监管行政处置措施(如删帖、问责等)的行为规范和实施标准,维护公民的网络参与权、表达权和监督权,保持公民参与网络良好生态建设的自律性和积极性。

2. 建构网络生态建设战略规划

这一部分着眼于网络生态健康可持续的发展,在加强网络生态综合治理的同时,也要放眼未来,进行长远规划。总体而言,要进行互联网生态的制度建设和顶层设计,也要加强对于整个互联网+生态建设的重视,充分认识其对于国家发展的战略地位,以及中国作为国际上负责任大国积极参与全球网络生态的协作治理、分享贡献中国经验的重要意义。

规划互联网生态制度体系总体建设,要基于我国互联网发展现状,研究我国未来网络生态建设的目标和任务,针对互联网技术创新、产业发展、社会治理等方面,构建起多层次、多维度、系统化的网络生态制度建设总体构想、战略目标体系及任务规划。

绘制互联网+生态建设战略路线图,从国家战略与产业经济发展的层面,研究互联网+的体制机制创新模式、战略规划与实现路径,提出推动互联网+产业发展、实现传统产业转型升级与产业结构优化的支撑政策,为构筑我国多层次、跨领域的立体化、多样化、协同化的互联网产业生态体系提供决策依据。基于我国互联网+发展现状并借鉴发达国家相关经验,研究从目前到2050年,我国互联网+产业结构和布局、产业规模、产业关联、产业升级与转型、产业集聚与扩散的发展方向,绘制互联网+产业生态地图及未来30年发展战略路线图。

制定国际视野下的网络生态协作治理方案,从国家战略层面,要研究发达国家网络生态的全球战略布局与治理模式,剖析当前全球网络生态治理的制度困境与发展中国家的突破路径,以负责任大国的态度提出全球网络生态治理的新型制度框架与实施方案,包括网络生态建设国家战略规划、安全管理体系、全球网络生态协作治理规划纲要等。

第九章　我国互联网生态治理
模式及其实践

探究中国互联网生态治理的历史发展,需要从影响网络治理不同阶段的关键因素入手,如政治哲学因素、生态哲学因素等。政治哲学因素是指影响目前现有的互联网治理体系的因素,包括治理人员、治理依据、治理机构及其相互协同关系。生态哲学因素是指影响代际互联网治理的历史因素。将治理互联网的政治哲学和生态哲学因素相结合,能够引导我们更好地认识互联网生态治理模式的生成与发展。

第一节　我国互联网生态治理模式的发展阶段

社会科学理论研究应当深刻理解本国的社会变迁,有效回应本国政策问题。[①] 社会科学研究中遵循两种不同的循环:一是大循环,即"经验——理论——经验"的循环;二是小循环,"理论——经验——理论"的循环。[②] 对我国互联网生态治理模式的发展阶段进行梳理,是深刻理解我国互联网生态治理模式变化背后的社会变迁和政策如何回应时代发展的过程。大循环角度而言,从互联网生态治理经验中提出问题,对问题形成理论化的认识,再回到经

---

① 参见贺雪峰:《在野之学》,北京大学出版社 2020 年版,第 34 页。
② 参见贺雪峰:《论社会科学研究中的大循环》,《探索与争鸣》2017 年第 1 期。

验中检验理论化的认识。就小循环角度而言,从互联网生态治理理论出发,在实践的检验中不断发展理论,实现从理论到理论的回归。大小循环相互协调,以大循环为主干,以小循环为分支,形成本土化互联网生态治理根基扎实,枝繁叶茂的研究样貌。依据上文提到的政治与生态哲学因素,可以将中国网络治理模式变迁划分为三个阶段:

在第一阶段(2000—2003 年),其主要特征是"诉诸技术手段,服务产业发展"。中国互联网信息服务与监管机制在 20 世纪 90 年代末全球互联网泡沫破灭之后仍然得到了稳步的发展。这一时期的网络内容环境具有复杂性的特点。一方面,各种网络论坛为网民发表意见提供了舆论平台。网络开始发挥其快速传播、信息透明的作用,将一系列的热点事件曝光传播。这些民主讨论的分为也开始对政府的公共治理行为产生作用。其中较为典型的案例就是孙志刚案。孙志刚案引发了人们对当时收容遣送办法的热议,从而使立法机关、政府部门开始关注该制度存在的不合理之处,最终令该办法被废止失去效力。此时的网络内容监管还处于相对初级的阶段,技术上还需要进行升级,以应对千变万化的网络舆情发展需求。此阶段我国对互联网的基本政策方针是"积极利用"。因而,网络信息监管也应当对该政策方针予以适当回应。总的来说,本阶段我国已经初步成形了网络监管机制,对某些特殊的网络内容有了专门的监管办法。虽然不能覆盖诉由的网络内容产生的问题,但为实现当时的产业发展目标创造了有利环境。

在第二阶段(2004—2013 年),其主要特征是"政府主导的制度化管理"。针对我国互联网内容的制度化管理经历了一个发展的过程。在互联网兴起之初,我国网络监管部门监管的重点是网络基础设施建设与计算机信息系统安全。此时的监管手段包括事前的行政审批准入、事中的过程监控以及事后的追责问责等基本手段,但是这些监管手段在融入技术措施方面仍存在某些不足,且其对网络内容方面的监管缺乏专门性。伴随着网络服务实践过程中出现的内容监管需求,我国的网络监管者开始逐步重视对网络信息内容监管策略的制定与完善。其中，具有里程碑性质的法规就是《互联网信息服务管理办法》的发布。根据此办法，监管者可以对网络内容以及用户的上网行为数据进行管理，并逐渐形成制度化的监管机制。2006年后，网络实名制被监管者写进网络监管政策法规文本之中。在该阶段，网络内容的微观监管措施与中观监管策略在数量上都得到了飞速的增长。从某种意义上来讲，2000—2007年是我国互联网内容监管制度化走向相对成熟稳定的时期。2007年后，某些新兴内容监管问题浮出水面，网络内容监管者在制定监管策略的比重方面又发生了新的变化。其中比较特别的一点就是制度化管理类型比重出现了较为明显的回落。取而代之的是，大量专项内容综合治理行动成为网络内容监管的主要手段。这种综合治理行动需要不同领域的监管主体进行协调合作，需要各监管机构之间进行信息共享，并服从中央领导机构的协调部署。

在第三阶段（2014年以后），其主要特征是网信部门统筹协调，企业与网民互动式综合治理。2014年，中央网信办的成立一方面显示出政府对于治理网络乱象的决心，另一方面也成为我国互联网治理的里程碑。中央网信办的成立整合了之前分散的监管权力，打破了原有隔离的业务模式，使我国的互联网治理进入了新的历史阶段。考察这一时期的网络内容环境可以发现，政府部门更加重视网络公信力和公众信任，在网络上积极塑造政府形象，参与公共事件。

目前我国网络监管机制已经具备了较为完备的政策法规体系支撑，同时也综合运用互联网企业代理的技术以及人工监控等制度化措施，并运用综合内容治理等特殊的治理手段。这一时期的内容监管问题在形式上更加多样，需要更加多元的监管手段来进行处置。例如，某些突出的网络内容监管问题已经从直接的内容管理向针对网络内容提供者进行间接地、更兼顾多元主体利益的综合治理转变。在国家宏观政策方面，党的十八大以来，习近平总书记从互联网与人类社会发展、互联网时代中国和世界各国前途命运、网络空间治理重大理论和现实问题、中国由网络大国迈向网络强国的战略部署、中国关于国际互联网治理的主张等重要方面，发表一系列重要论述，提出具有主体性、原创性、时代性、实践性的理论观点，比较系统地回答了网络空间治理的一系列基本问题，形成了关于网络空间治理的一系列新理念新思想新战略。这些新理念新思想新战略源于人类社会信息革命和人类实践，体现辩证唯物主义和历史唯物主义观点，是顺应人类社会历史潮流、推动互联网时代发展、引领互联网时代前进方向的当代中国马克思主义理论，开拓了马克思主义的新境界。

第二节　我国互联网法治思想与法治体系建设

我国互联网法治不论在思想领域，还是在制度体系方面均逐渐趋于完善。经过多年发展，中国网络治理体系已经初步形成，并在网络安全保护、信息服务、社会管理领域形成了基本的法律法规体系。而习近平总书记关于互联网治理的思想体系也逐步形成，并对治理实践具有重大的指导意义。

一、我国互联网法治建设

第一，在把握互联网发展规律的基础上推动治理事业创新。互联网作为新兴技术行业，其变化速度远超其他行业，涉及的领域也十分广泛，因此而引发的问题也相较之前更多。梳理世界各国互联网行业发展的经历，掌握互联网发展规律的国家往往能在国际竞争中取得优势地位。若不能尽快掌握发展规律，则面临着发展被动，甚至停滞，并因而导致政权变化。我国高度重视互联网发展在国际竞争中的重要性，习近平总书记特别强调："各级领导干部要学网、懂网、用网，积极谋划、推动、引导互联网发展"，并对各级领导干部提出"不断提高对互联网规律的把握能力、对网络舆论的引导能力、对信息化发展的驾驭能力、对网络安全的保障能力"的"四个能力"要求。①

---

① 《习近平关于网络强国论述摘编》，中央文献出版社 2021 年版，第 6 页。

习近平总书记对互联网带来的社会治理规律变化有着深刻的认识。他明确指出："随着互联网特别是移动互联网发展，社会治理模式正在从单向管理转向双向互动，从线下转向线上线下融合，从单纯的政府监管向更加注重社会协同治理转变。""要强化互联网思维，利用互联网扁平化、交互式、快捷性优势，推进政府决策科学化、社会治理精准化、公共服务高效化，用信息化手段更好感知社会态势、畅通沟通渠道、辅助决策施政。"①这些重要论述既是对互联网社会治理规律变化的深刻认识，也是推进体制机制变革和治理方式创新的指导思想。近年来，我国党和政府大力推进"放管服"改革，旨在简政放权、及时回应公众诉求。与"放管服"改革对应的是，政务公开升级制度建设、社会信用体系建设、网上监管平台建设、网上追逃、大数据辅助决策系统建设、互联网政务信息数据服务平台和便民服务平台建设、互联网新业态审慎监管、两随机一公开执法方式改革、执法信息化建设与执法信息共享等。这些制度建设与变革都是在把握互联网规律基础上的改革创新举措，并开始逐渐在实践中发挥重要的治理作用。

第二，全面推进互联网法治建设。习近平总书记关于互联网法治建设的重要论述与"四个全面"战略布局相适应相统一。在互联网法治建设内容上，习近平总书记运用唯物辩证法基本原理，既突出互联网法治建设的重点和主要任务，又强调互联网法治建设的整体性与全面性，确立了全面推进互联网法治建设的目标。在党的十八届三中全会决定的说明中，习近平总书记指出，"如何加强网络法制建设和舆论引导，确保网络信息传播秩序和国家安全、社会稳定，已经成为摆在我们面前的现实突出问题。"②这一论述明确了当前互联网法治建设的重点任务在于规范网络信息传播秩序，维护国家安全、社会稳定。这一重点任务定位，与我国党和政府对互联网时代的主要挑战判断高度吻合，前后呼应。对于立法与执法部门而言，需要抓住主要矛盾，重点配置立

① 《习近平关于网络强国论述摘编》，中央文献出版社2021年版，第21、22页。
② 《习近平关于网络强国论述摘编》，中央文献出版社2021年版，第89页。

法与执法资源,突出工作重点,解决现实突出问题,维护国家根本利益。

对于互联网法治建设工作布局,习近平总书记强调指出:"大家都应该遵守法律,明确各方权利义务。要坚持依法治网、依法办网、依法上网,让互联网在法治轨道上健康运行。"①党的十八大以后,习近平总书记多次强调了"坚持依法治国、依法执政、依法行政共同推进,坚持法治国家、法治政府、法治社会一体建设"②的重大命题。党的十八届四中全会进一步擘画了中国特色社会主义法治体系建设的宏伟蓝图。将依法治网、依法办网、依法上网,与法治国家、法治政府、法治社会一体建设,一体推进。将互联网管理部门、互联网企业和网民一体纳入互联网法治建设轨道,体现互联网法治建设全面推进的内在要求,也与法治中国建设工作布局形成联动,将网络空间法治化纳入全面推进依法治国总体部署之中。

第三,营造良好的网上舆论氛围。习近平总书记对于如何营造良好的网络舆论氛围采取的是一种辨证施治的方式。其核心就是"扶正祛邪",这意味着对社会正能量的弘扬,以及对负面内容的严格管理。确保网络舆论氛围以正能量为主旋律,管住网络负面消息,防止其不当传播。"经济建设是党的中心工作,意识形态工作是党的一项极端重要的工作"③,对于网络监管部门而言,其要完成的工作内容包括正面内容的积极宣扬与负面内容的严格管控:对网上积极内容进行及时的正面宣传,培育积极健康、向上向善的网络文化,用社会主义核心价值观和人类优秀文明成果滋养人心、滋养社会,做到正能量充沛、主旋律高昂,为广大网民特别是青少年营造一个风清气正的网络空间。同时,要依法加强网络社会管理,加强网络新技术新应用的管理,确保互联网可管可控,使网络空间清朗起来。习近平总书记非常清醒地指出:"做这项工作

---

① 《习近平关于网络强国论述摘编》,中央文献出版社 2021 年版,第 155 页。

② 习近平:《在首都各界纪念现行宪法公布施行 30 周年大会上的讲话》,人民出版社 2012 年版,第 12—13 页。

③ 《习近平谈治国理政》第一卷,外文出版社 2018 年版,第 153 页。

不容易,但再难也要做。"①

第四,推动互联网全球治理体系变革。习近平总书记不仅关注国内互联网治理体系的建构问题,还关注全球互联网治理过程中出现的各种问题。例如,习近平总书记立足于当前全球互联网发展不平衡、规则不健全、秩序不合理,难以反映大多数国家意愿和利益的现实,提出要"共同构建和平、安全、开放、合作的网络空间,建立多边、民主、透明的国际互联网治理体系"。② 在第二届世界互联网大会开幕式上的讲话中,习近平总书记全面阐释推进全球互联网治理体系变革需要坚持的尊重网络主权、维护和平安全、促进开放合作、构建良好秩序四项原则,系统提出共同构建网络空间命运共同体的五点主张。习近平总书记指出,"应该尊重各国自主选择网络发展道路、网络管理模式、互联网公共政策和平等参与国际网络空间治理的权利";"维护网络安全不应有双重标准,不能一个国家安全而其他国家不安全,一部分国家安全而另一部分国家不安全,更不能以牺牲别国安全谋求自身所谓绝对安全";"国际网络空间治理,应该坚持多边参与、多方参与,由大家商量着办,发挥政府、国际组织、互联网企业、技术社群、民间机构、公民个人等各个主体作用,不搞单边主义,不搞一方主导或由几方凑在一起说了算。各国应该加强沟通交流,完善网络空间对话协商制,研究制定全球互联网治理规则,使全球互联网治理体系更加公正合理,更加平衡地反映大多数国家意愿和利益。"③这一系列主张,既全面宣示我国对于互联网治理的基本立场,表达维护我国网络空间主权和参与推动国际互联网治理体系变革的决心,体现作为互联网大国的责任与担当,也与我国长期倡导的国际关系和平共处五项原则一脉相承,代表着广大发展中国家的共同心声。

---

① 《习近平关于网络强国论述摘编》,中央文献出版社 2021 年版,第 52 页。
② 《习近平关于网络强国论述摘编》,中央文献出版社 2021 年版,第 149 页。
③ 《习近平关于网络强国论述摘编》,中央文献出版社 2021 年版,第 153、154、158 页。

二、我国互联网法治体系基本框架

我国互联网领域法律法规近年来在数量上呈现出不断增长的趋势,互联网领域法律体系框架初步形成。我国立法者在明确互联网管理思路的基础上,大致确定主要立法方向和领域,加快推进重点立法项目。在传统法律适用互联网的基础上,我国立法部门积极开展互联网领域专门立法,确立适合中国国情的互联网发展和管理的主要法律制度。例如,2015 年国务院印发《关于积极推进"互联网+"行动的指导意见》,在"互联网+"新形势的推动下,互联网与各行各业实现融合式发展,互联网立法相应承载更多、更丰富的社会关系,不断产生新的法律需求,立法内容由单一的互联网管理向网络信息服务、网络安全保护、网络社会管理等各领域扩展。

在网络安全保护领域,我国在 20 世纪 90 年代互联网兴起之初就颁布《计算机信息系统安全保护条例》《计算机信息网络国际联网安全保护管理办法》等计算机信息系统和网络安全的法律规定。进入 21 世纪,我国又先后出台了《全国人民代表大会常务委员会关于维护互联网安全的决定》《全国人民代表大会常务委员会关于加强网络信息保护的决定》,进一步完善了对互联网的运行安全和信息安全方面的法律规定内容。而 2016 年《网络安全法》的出台建立在多年的立法实践和规则创新的基础上,在立法形式上实现了向高层级、顶层设计的转变。可以说,我国现行的网络安全法律体系已经从网络、设施、平台、应用、数据等多维度对网络安全管理进行规制,明确了网络安全管理体制,网络运营主体义务等内容。

在网络信息服务领域,《互联网信息服务管理办法》《互联网新闻信息服务管理规定》《网络出版服务管理规定》等规定的陆续出台标志着我国网络信息服务立法体系逐渐完善。这些法律法规监管的内容充分考量了网络信息发布主体的自由性、网络信息内容的动态性、网络文化体系的开放性等特点。网络文化多元、多样、多变的特点,在形式上增加了网络信息管理的难度,既需要整体的法律框架支持,也需要专门立法的重点监管。近年来,我国在网络信息管理方面法律政策也在逐步完善,有关部门陆续出台了一系列的管理规定。

在网络社会管理领域,我国开展了一系列立法活动,在网络安全保护和网络信息服务两大领域的基础上,不断完善和补充整体网络法律体系。网络社会管理领域的传统立法不断修订,以增加调整网络社会关系的制度规范。互联网行业管理立法也在不断修订,明确与信息服务管理之间的边界,完善行业管理手段,在网络基础资源管理、网络运行秩序、无线电管理等领域开展了相关立法活动。

由以上的分析可知,我国当前网络安全立法已上升到国家战略高度。截至目前,我国已颁布四部网络安全相关专项法规,并不断修订部门法,促进网络安全发展。国家在电子商务法律体系建设方面相对完善,已在电子签名、认证、电子合同、电子支付、电子交易规范、消费者权益保护、个人信息保护、平台责任、快递监管等方面出台了大量法律法规。个人隐私保护法律法规逐渐丰富。我国已建立以《加强网络信息保护的决定》以及民法典为核心的个人信息保护体系,并通过部门法、司法解释、地方规定等全面保护个人信息。网络知识产权法律不断出台。保护网络知识产权,在专利法、商标法、著作权法等法律的基础上,通过一系列司法解释进行补充。重点行业的互联网立法不断创新。我国在"互联网+"、互联网金融等领域不断创新,出台了《关于积极推进"互联网+"行动的指导意见》《关于促进互联网金融健康发展的指导意见》等法律法规。我国互联网立法虽然取得丰硕成果,但是未来的发展和完善还面临两方面的挑战:

第一个挑战是如何实现互联网立法的统筹协调。互联网普及率越来越高,越来越多的行业监管部门进入互联网领域,立足于不同的管理诉求,不同部门利益、行业利益出现冲突,跨行业监管成为常态。同时,以往中央和地方垂直的行业监管体系,被互联网"一点接入、全网覆盖"的特点所打破,中央和地方监管也有待统筹协调。

第二个挑战是法律保守性与互联网创新性之间的矛盾。立法节奏与互联网发展节奏不相匹配，一些互联网行业管理中，管理手段比较单一，管理创新的动力不足，思路的转变人多需要经历艰难的过程。不同行业监管部门对互联网的理解程度不同，导致这一矛盾在部分行业更为突出。

第三节 中国互联网生态治理中的自治模式

党的十八大以来，互联网安全与发展已经提升到了国家战略的高度，国家对网络生态治理高度重视。在互联网领域法律体系顶层设计基本完成的情况下，中国的互联网治理以政府依法治网、行政管理为主导。互联网治理的核心目标之一是构建互联网空间的内部秩序。面对着如今乱象丛生的网络世界，社会自治在互联网治理中成为必不可少的一环，中国政府也早已意识到社会自治的重要性。比如以中国互联网协会为代表的行业协会在互联网的发展与治理中就发挥了显著的作用。

一、社会自治模式

社会自治包括两个部分：一个是行业自治；一个是个人自治。互联网行业自治是由各个互联网公司、网络服务提供商等自发形成行业协会或其他社会组织对本行业进行的自律性治理。互联网个人自治是由成千上万的网民进行自我要求、自我约束形成的一种有素质的互联网文化。互联网治理发展到今天，对社会自治模式的需要有其必然性要求：

首先，随着网络技术与应用的涌现，网络服务商或网民是这些新技术与应用的开发者或者使用者，他们推进着"游戏规则"的制定、秩序的形成、网络空间的文化习俗甚至整个网络生态的进化。由他们进行自律性治理无疑是从源头上进行的治理。

其次，在网络信息环境与传播秩序的形成过程中社会自治也起着重要作用。在信息生产与传播过程中，如生产什么样的信息、什么样的信息能得到传播、以什么路径传播、信息能传播多广等，主要是由内容生产机构与网民共同决定的。

最后，社会自治模式的形成，能够有效地减轻政府治理负担，将资源分配到社会治理的其他方面。行业、个人参与治理也能够为政府提供更优的管理决策，大大提高我国网络生态治理的效率。

二、互联网行业自治模式

（一）中国网络行业协会治理模式

行业协会在国家治理与社会治理中扮演着重要角色。依据政府和社会的关系，我国的行业协会分为两种大的类型：政府主导型行业协会和市场内生型行业协会。这两者是从产生方式上来说的，前者依赖于政府组织牵头，或是在转变职能的改革中形成，作为政府机构在行业组织中的延伸。后者即由民间各行业自发形成，出于相同的利益诉求组织成联合体。但从管理制度上来说，依照《社会团体登记管理条例》，需要经过行政主管部门和民政部门的双重审批。因此中国网络治理过程中涉及的行业协会，采取的是一种"政府指导、共同治理"的模式：在政府的指导与政策之下，行业协会充分发挥号召力，带领业界共同治理互联网。

（二）中国网络行业协会主要机构

第一，中国互联网协会。中国互联网协会成立于21世纪初，其主要成员为国内从事互联网行业的网络运营商、服务提供商、设备制造商、系统集成商以及科研、教育机构等互联网从业者。在性质上，中国互联网协会是由中国互联网行业及与互联网相关的企事业单位自愿结成的行业性的全国性的非营利性的社会组织。协会的业务主管单位是工业和信息化部。中国互联网行业协会目前主要提供非法信息举报服务，其在工信部的委托下，设立了12321网络不良信息举报中心和12377网络违法信息举报中心。除此之外，还负责协助工信部承担关于移动电话和固定电话等业务中心的举报、分类和调查工作。

中国互联网行业协会先后制定并发布了《中国互联网行业自律公约》《互联网搜索引擎自律公约》《互联网企业生活服务类平台服务自律规范》《互联网站禁止传播淫秽、色情等不良信息自律规范》等一系列自律规范,促进了互联网的健康发展。在以《中国互联网行业自律公约》为代表的自律规范中,规定了自律的原则和公约的执行两个方面。

第二,北京网络协会。北京网络行业协会成立于 2004 年 3 月,随着信息网络技术的迅猛发展,由门户网站发起,经市民政局社团办批准,全市 IT 业共同参与,正式成立了。北京市公安局公共信息网络安全监察处作为协会第一届常务理事单位,参与了协会筹建等各方面工作。协会成立后,为北京市网络信息事业的发展作出了积极贡献。

随着互联网的飞速发展,网信事业越来越受到党和国家的重视,对相关行业协会的管理也更加规范。2010 年 12 月,北京网络协会召开全体会员大会,通过了协会章程,在 2011 年 5 月,协会完成了工作地址变更及法人变更的工作,并完成了北京市民政局社团办的年检工作,在协会章程中明确:北京网络行业协会系由北京地区的互联网服务提供商(ISP)、互联网内容提供商(ICP)、互联网数据中心(IDC),从事信息网络安全技术服务以及产品研究开发、生产制造的企事业单位,信息网络重点保护单位和使用单位,上网服务场所等网络行业单位自愿发起组成,经北京市社会团体登记管理机关核准登记的非营利性社会团体法人单位。

协会依托政府主管部门指导,清晰把握政策发展脉络和方向,面向网络行业单位提供服务,准确获取行业企业需求,协会的宗旨是遵守宪法法律法规和国家政策遵守社会道德风尚,发挥政府主管部门和互联网企业,用户之间的桥梁、纽带作用,协助政府管理机关加强和规范信息网络工作的管理,推进开展行业自律,实现为会员服务、为行业发展服务,保障信息的社会化和产业化的顺利发展,促进互联网行业健康有序发展的目标。

第三,北京网络文化协会。北京网络文化协会(原北京互联网上网服务营业场所协会)成立于2003年,2014年4月经市民政局社团办审批通过,正式更名为北京网络文化协会。该团体是由北京市注册登记的网络文化经营单位及互联网上网服务企业等相关企事业机构自愿联合发起成立,是经北京市社会团体登记管理机关核准登记的行业性、非营利性社会团体。该团体接受业务主管单位北京市文化局、社会团体登记管理机关北京市民政局的业务指导和监督管理。该团体的业务范围包括:宣传贯彻党和政府有关网络文化经营单位和互联网上网服务行业的方针政策和法律法规,指导会员的自我管理和行业发展;配合政府主管部门开展对会员的管理和服务,反映会员的意见和要求,维护会员的合法权益和行业整体利益;开展行业情况调查研究,制定和实施行业标准和规范,开展行业相关资质审核鉴定工作;开展公益网络文化活动,倡导健康文明的办网和上网风尚,维护行业社会形象等。

三、社会自治与行业自治的经验与意义

(一)垃圾邮件治理工作

电子邮件是发展较早的互联网信息服务技术,也是我国互联网治理经验最丰富的领域。垃圾邮件治理工作是互联网治理中的难题,我国垃圾邮件治理颇有成效。中国互联网协会从2002年底至今,在垃圾邮件治理领域总结了丰富的经验。垃圾邮件的治理手段是在政府主导的前提下,行业协会治理先行,走出了一条"自下而上、由内而外"的有效治理道路。"自下而上、由内而外"的优势在于充分发挥行业内部力量,从自身找原因、找办法,将问题从根源上解决,这样的治理成果更加稳固。行业自治在得到政府和人民的肯定后会更加努力地投入治理工作中。行业自治的具体经验主要包括以下几个方面:

第一,完善的法规体系是垃圾邮件治理的根本依据。行业自律规范也不能超越法律规定的范畴。如何实现法律规制与产业发展的双重目标,关键在

于制定良好的规范体系。一部法规的出台是否可以得到有效实施，很大程度上取决于前期的预研工作是否充分，是否顺应行业的发展需求，能够很好地促进行业有序发展的规范管理才是有效的。中国互联网协会在此过程中，不仅积极组织业界专家在《中国互联网协会公共电子邮件服务规范》《中国互联网协会反垃圾邮件规范》的基础上提供起草建议，还积极配合政府在法规草案成型后多次组织召开讨论会，征求业界意见，反复论证法规实施的可行性。

第二，通过"12321 网络不良和垃圾信息举报受理中心"获得反垃圾邮件的一手数据，为后续的技术规制手段奠定数据基础。2008 年 4 月，工业和信息化部授权委托并指导中国互联网协会在原"垃圾邮件举报受理中心"的基础上成立了"12321 网络不良和垃圾信息举报受理中心"，通过邮件、电话、短信、互联网网站、WAP 网站等多种形式接受公众对垃圾邮件等网络不良信息的举报(http://www.12321.cn)，获得大量垃圾邮件一手数据和样本，并对以上数据样本进行分析提炼整理而形成《中国反垃圾邮件状况调查报告》，并于每月颁布《垃圾邮件数据分析月报》。这些详实的数据和垃圾邮件一线样本，为政府支撑业界联合对付垃圾邮件提供了及时准确的参考。

第三，通过"中国互联网协会反垃圾邮件综合处理平台"协调监督邮件服务企业，快速联动防范垃圾邮件。2006 年 6 月，中国互联网协会利用 863 课题"多特征智能型反垃圾邮件系统的标准研究与实现"技术成果，结合我国实际需求，牵头组织业界企业自筹经费建设了国内首家"反垃圾邮件综合处理平台"。根据"信息共享、行动一致"的原则，实施实时黑名单 IP 地址的发布和封堵、建立电子邮件白名单信任疏导机制、即时发布垃圾邮件预警信息等，坚持"疏堵结合、绿色畅通"理念，有效地促进了电子邮件行业的健康发展。目前已有新浪、网易、搜狐、腾讯 QQ 等 18 家国内主要专业邮件服务提供商及事业单位接入平台，总邮箱用户数占全国邮箱用户总数的 85% 以上。

第四，根据垃圾邮件出现的新形式和特点，联合业界积极采取主动应对措施。反垃圾邮件工作犹如猫捉老鼠，在反垃圾邮件机制不断完善、技术不断进步的同时，垃圾邮件的发送技术也在不断翻新。根据举报中心平台所获的数据样本，经分析归纳发现，垃圾邮件发送的新形式主要具备以下特点：一是通过动态 IP、僵尸网络发送，逃避来源追踪；二是通过邮件内容伪装和图片化等方法逃避反垃圾邮件软件的检测；三是通过大量注册大型知名邮件服务商的免费邮箱账户发送垃圾邮件。

第五，为进一步加强技术手段和扩大治理范围，计划建设《国家反垃圾邮件预警及处置服务平台》，向社会提供反垃圾邮件公益服务。中国互联网协会已经在国家发展改革委和工信部的支持下，正式立项启动建设《国家反垃圾邮件预警及处置服务平台》。该项目的实施将通过技术手段更加全面和准确地掌握我国的垃圾邮件即时状况，快速有效地全面提升政府和企事业单位的整体反垃圾邮件水平，将会对我国垃圾邮件的宏观控制和深入治理产生质的飞跃作用。

第六，坚持面向基层做好普教宣传，提高一线专业人员和广大网民的反垃圾邮件意识。同时也开展国际协作，与国外组织共同治理跨国垃圾邮件。多年来，协会面向一线邮件服务器管理员开展培训工作，面向普通网民开展"你我他，反垃圾邮件靠大家"的宣传工作。通过合作，中国互联网协会共培训了千余名专业管理人员，发放了百万份反垃圾邮件常识宣传卡，组织万名志愿者开展普教宣传活动。同时，与英国、美国、澳大利亚、韩国等多国相关组织签署合作谅解备忘录，建立反垃圾邮件信息交换机制，共同快速协作处理跨国垃圾邮件举报近百起。

在政府指导下，行业协会充分发挥行业监管的作用。在垃圾邮件治理过程中，行业协会联合国内外同行从业界共同治理垃圾邮件，并获得了较大的成果。这种国际协作治理的模式解决了网络开放性和无国界性带来的治理难题，同时也帮助我国互联网行业参与国际互联网治理的有关活动，占据主动地位、争取话语权和影响力。行业协会参与国际互联网治理工作在身份上更加灵活，它既可以以非政府组织（NGO）的身份正面宣传我国为治理互联网所做的大量工作,树立负责任的互联网大国的中国形象;又可以从行业协会的角度率领业界开展有利于行业发展的促进工作。在垃圾邮件治理过程中,中国互联网协会得到了国际互联网界的一致认可。因此,我们认为在政府指导下,行业协会开展的国际互联网治理交流活动,是在未来互联网国际治理领域中一个不可缺少的重要环节,如果方式、方法得当,必将取得意想不到的成果。

(二)网络直播行业治理经验

网络直播行业作为一项新型商业模式,其已经获得了庞大的用户群体。但网络直播也带来了治理方面的新难题。一些违反社会公德甚至涉赌、涉毒的问题直播时有发生,甚至一些企业以此为手段,为融资、上市制造噱头,网络直播监管面临着新的挑战。在这样的背景下,北京网络文化协会发起了议定自律公约的活动。针对当前直播平台存在的问题采取监管措施,落实主体责任。[1]

北京网络协会接受北京市文化局的指导,针对网络直播行业的乱象,展现了自身行业组织者自律的优势,及时号召了各大直播平台签署《北京网络直播行业自律公约》,对相关直播规范达成了共识,并积极按照自律公约的规定开展落实,对网络文化的建设和维护起到了积极作用。这种居中联合政府行政部门和网络直播平台企业的做法,既避免了行政管理太过生硬给企业发展带来的阻碍,也充分带动了互联网企业自身的自律性,提高了网络治理效率。

(三)网民自治经验

我国网民是一个相当庞大的群体,今天的网民已成为网络社会的基础单

---

[1] 2016年4月13日上午,北京市网络表演(直播)行业自律公约新闻发布会在市文化执法总队举行,百度、新浪、搜狐、爱奇艺、乐视、优酷、酷我、映客、花椒等20余家从事网络表演(直播)的主要企业负责人共同发布《北京网络直播行业自律公约》,承诺从4月18日起,网络直播房间必须标识水印;内容存储时间不少于15天备查;所有主播必须实名认证;对于播出不法内容的主播,情节严重的将列入黑名单;审核人员对平台上的直播内容进行24小时实时监管。2016年6月1日,北京网络文化协会在北京市文化执法总队召开新闻发布会,通报了《北京网络直播行业自律公约》实施一个月以来的落实情况,40名违规主播因为直播内容涉黄被永久封禁。

元。互联网在物理上由通信网络和分散在世界各地的网络设备组成，但是物理的互联网，是要依靠人的驱动，才能够良好运转，因此，互联网的治理离不开公众的参与，必须充分发挥个人的主观能动性。并且，随着互联网的发展，个人自治在互联网治理中的作用日益增强。互联网治理的实质就是营造自由、平等、和谐的互联网氛围。互联网发展到后期，网民素质将不断提高，能够自觉地远离和抵制不良信息，积极传播优秀文化和观点，届时互联网将达到高度的个人自治。而这个人自治在我国网络生态治理模式中将发挥着其独特的作用：

第一，社区秩序的自我管理。今天的网络社会是由大大小小各种不同层级的社区构成的，网络社会的秩序，也在很大程度上取决于社区的秩序。尽管我国有一系列与网络社区管理相关的法律法规，但是，那些法律法规都是基本原则，也是相对宽泛的条文，对于每一个具体社区的秩序形成来说，仅靠法律规范是不够的。而在现实中，很多社区会形成自己独有的运行规则，成员基于这些规则进行自我约束，稳定的社区也会形成较为稳定的成员关系，这些规则与关系成为规范社区秩序的主要因素。我们可以看到，在中国互联网上享有良好声誉、具有较大影响力的社区，都是以成员的自我管理为基础，在社区内部形成了良好的秩序。因此，激发以个体用户为自治单元、以成员关系为主要约束机制的社区内部自治，对于整个互联网的秩序具有重要意义。

第二，传播秩序的自我建构与调适。互联网的秩序，一方面，在很大程度上取决于传播秩序，作为网络传播"基础设施"的网民个体节点，以及他们之间的关系链，直接影响着信息的流向与流量，也即影响着整个信息环境。另一方面，在 UGC（即用户生产内容）已经与专业媒体生产内容平分秋色的今天，网民在内容生产及传播秩序的形成中，是不可忽略的力量。用户生产的内容是参差不齐的，其中掺杂着大量虚假信息和各类不良、违法信息。通过法律手段对那些造成了社会危害的信息进行治理，是互联网内容治理的一项基本内容。但是，在每天涌现出海量信息的互联网中，管理者或网络服务提供者要发现和处理每一条问题信息是不可能的,因此,必须在很大程度上依靠网民内部的力量。网民力量的充分激发和利用,依赖于一个开放的传播系统,开放的系统更有利于多种信息、意见的碰撞与交锋,也有利于某些虚假信息的发现、鉴别。

除了对虚假和不良信息的识别与澄清外,网络中传播秩序的另一个重要体现,是信息的均衡与对称。在传统媒体时代,信息传播都是大众媒体所控制,尽管它们也努力追求信息的客观、平衡,但因为种种原因,媒体构建的是一种在媒体主观框架下的"拟态社会",信息的不均衡情况难以避免,而信息的不均衡往往也是一些社会偏见与误解的来源。互联网为各种不同主体传递相关信息、传达自己的意见态度提供了渠道,这为纠正过去媒体的信息不均衡状态提供了可能。在一些事件或话题上,各个行业中的代表,以个体网民身份进行的信息传播和意见传达,往往更容易被一般网民接受,他们对于纠正某一特定话题上信息的不均衡、不对称,起到了一定作用。而信息不对称状况的改善,有助于社会各种群体、各个阶层间的相互理解与沟通,对于社会秩序的良性发展是有益的。当然,在互联网环境下,也可能出现某些意见领袖对信息或意见走向的影响力过大的情况,网络中的信息和意见也会时时出现失衡状态。但意见领袖的出现也是网民的一种自我选择结果,它也是一种动态选择过程。意见领袖出现失误时,也可能会瞬间失去他们的话语权。此外,管理部门的强制性手段,商业利益的干扰,以及网络水军等因素的作用,也都可能对互联网的传播秩序产生影响。但互联网信息传播的基础秩序,在很大程度上还是取决于集合起来的网民个体。

第三,商业秩序的形成与维护。未来的互联网上,商业模式与商业行为将更为普遍,对于商业秩序的形成,网民也是一种基础性因素。在一些销售类商业平台上,买家与卖家以及买家之间的互动关系,已经成为 C2C 中一种较为有效的商业互动模式,而在一些打车服务类商业应用的推动下,用户间的共享经济模式也在逐步形成。尽管还存在种种问题,但总体来看,这些模式不仅带来了新经济思维与新活力,也使我们看到了自治组织机制在商业领域的可行性。

总之,网络中网民个体及他们之间的互动,是网络自治的基础机制。按照一些研究者的看法,自治组织系统的特性是由个体之间的协同交互导致的。而互联网本身的结构,对于推动个体间的协作,将个体智慧汇聚成群体智慧,是有显著作用的。

(四)社会自治与政府管理的关系

经过数十年的发展和治理,国家在互联网治理中的地位和作用已经成为共识:全球互联网治理机构中的国家力量上升、以主权国家为单位的国际互联网治理竞争加剧、国家对互联网的监管力度在全球范围内普遍加大。① 针对目前网络生态治理中的种种问题,政府的管理是必不可少的,尤其是在我国,互联网行业企业众多、逐利性强,网民数量上亿,但上网素质参差不齐,有待提高,如若放任其进行自由管理,多方利益竞争的后果并不一定能形成一个良好的网络生态。因此,我国的社会自治模式还处在一种由政府主导行业协会辅助,政府引导网民素质提升的一个过程之中。

第四节　中国互联网生态治理的关键问题

中央网络安全和信息化委员会办公室的设立,是我国网络治理的重大部署和顶层设计。网信办改变了传统媒体监管互联网的思路,并相继制定出台符合互联网传播规律的专门性互联网信息管理政策,使政府对网络生态把控更加有力,管理也更为有效。2019 年 1 月,习近平总书记在主持十九届中央政治局第十二次集体学习时强调指出,要"深刻认识全媒体时代的挑战和机遇","全面把握媒体融合发展的趋势和规律","推动媒体融合向纵深发展",

---

① 参见刘建伟:《国家"归来":自治失灵、安全化与互联网治理》,《世界经济与政治》2015年第 7 期。

"正能量是总要求,管得住是硬道理,现在还要加一条,用得好是真本事"。①

一、当前中国互联网生态治理的基本特征

(一)最高规格的领导小组健全顶层设计

第一,为构建互联网"新生态"提供最强组织保障。习近平总书记在多个重要场合谈及"网络强国""网络安全""网络治理"等重要问题,体现了国家对网域、网权、网防的高度重视。可见,互联网已经成为中国崛起的国家资源、国家战略、国家力量。互联网就是第五疆域,保卫互联网就是保卫国家发展战略。

建设网络强国,要与"两个一百年"奋斗目标同步推进,要实现"网络基础设施基本普及""自主创新能力增强""信息经济全面发展""网络安全保障有力"四大目标,从而为中国互联网"新生态"勾画出明确的愿景。同时,中国网络安全和信息化围绕建设网络强国的总目标,重点从技术、服务、设施、人才和合作五个方面加强顶层设计,以期拥有"自己的技术、过硬的技术""丰富全面的信息服务,繁荣发展的网络文化""良好的信息基础设施,形成实力雄厚的信息经济""高素质的网络安全和信息化人才队伍",并且"积极开展双边、多边的互联网国际交流合作"。上述五个重点正是对"网络强国"基本内涵的概括,也确定了构建中国网络"新生态"的五个着力点。

第二,习近平总书记在网络安全和信息化工作座谈会上发表重要讲话,指明了网络生态管理新方向。习近平总书记强调,"党的十八届五中全会提出了创新、协调、绿色、开放、共享的新发展理念,这是在深刻总结国内外发展经验教训、深入分析国内外发展大势的基础上提出的,集中反映了我们党对我国经济社会发展规律的新认识。……我国网信事业发展要适应这个大趋势。"②

---

① 《习近平谈治国理政》第三卷,外文出版社 2020 年版,第 316—319 页。
② 习近平:《在网络安全和信息化工作座谈会上的讲话》,人民出版社 2016 年版,第 4 页。

习近平总书记从发展网信事业的目标、构建网络良好生态、加快互联网核心技术突破、正确处理安全与发展的关系、互联网企业使命责任、网信事业人才培养六大方面,对我国互联网的发展提出了明确的发展方向。针对网络生态环境,习近平总书记还指出:"网络空间是亿万民众共同的精神家园。网络空间天朗气清、生态良好,符合人民利益。网络空间乌烟瘴气、生态恶化,不符合人民利益。谁都不愿生活在一个充斥着虚假、诈骗、攻击、谩骂、恐怖、色情、暴力的空间。互联网不是法外之地。利用网络鼓吹推翻国家政权,煽动宗教极端主义,宣扬民族分裂思想,教唆暴力恐怖活动,等等,这样的行为要坚决制止和打击,决不能任其大行其道。利用网络进行欺诈活动,散布色情材料,进行人身攻击,兜售非法物品,等等,这样的言行也要坚决管控,决不能任其大行其道。没有哪个国家会允许这样的行为泛滥开来。我们要本着对社会负责、对人民负责的态度,依法加强互联网生态治理,加强网络内容建设,做强网上正面宣传,培育积极健康、向上向善的网络文化,用社会主义核心价值观和人类优秀文明成果滋养人心、滋养社会,做到正能量充沛、主旋律高昂,为广大网民特别是青少年营造一个风清气正的网络空间。"①这是对网络生态的全新阐释,对我国互联网新信息生态管理具有重要的指导意义。

第三,强调"双基双责",促进网站自律。习近平总书记指出,网上信息管理,网站应负主体责任,政府行政管理部门要加强监管。中央网信办坚决贯彻落实习近平总书记重要讲话精神,提出"重基本规范、重基础管理,强化属地管理责任、强化网站主体责任"要求,将增强落实主体责任思想自觉作为工作重点。主管部门和互联网企业要建立密切协作协调的关系,走出一条齐抓共管、良性互动的新路。

基于此,从事互联网新闻信息服务的网站建立了总编辑负责制的治理思路。具体来说,总编辑要对新闻信息内容的导向和创作生产传播活动负总责,

---

① 习近平:《在网络安全和信息化工作座谈会上的讲话》,人民出版社 2016 年版,第8—9 页。

完善总编辑及核心内容管理人员任职、管理、考核与退出机制；发布信息应当导向正确、事实准确、来源规范、合法合规；提升信息内容安全技术保障能力，建设新闻发稿审核系统，加强对网络直播、弹幕等新产品、新应用、新功能上线的安全评估。此外，网站还应严格落实7×24小时值班制度、建立健全跟帖评论管理制度、完善用户注册管理制度、强化内容管理队伍建设、做好举报受理工作等。国家网信办还对主要商业网站和客户端组织专项检查。检查发现，这些网站在管理制度规范建设、信息安全岗位人员配备、技术力量投入等方面做了大量基础工作，但总体上还存在一些不容忽视的问题，具有共性的突出问题包括：总编辑负责制流于形式，管理制度不健全，缺乏配套的奖惩问责机制；信息内容安全保障漏洞较多，稿源管理不规范；账号管理机制不健全，注册信息审核不严格；对举报受理工作不够重视等。针对这些问题，在充分听取有关方面意见的基础上，国家网信办提出了网站履行主体责任的八项要求。

第四，网络生态环境趋向清朗。近年来，国家网信办协调各方力量，针对中国网络空间存在的不良现象，出手迅速，击中要害，形成合力，产生了良好的社会效果，中国的网络空间逐渐清朗。首先，以问题为导向，开展专项整治活动。2015—2016年，国家网信办以问题为导向进一步加大了互联网生态治理力度，相继开展了"网址导航网站专项治理"、牵头成立联合调查组处理搜索引擎广告乱象、打击个别网站推广赌博网站等多项行动，让互联网上更趋健康、绿色。网址导航网站要规范导航页面推荐网站入口，改变推荐网站"唯竞价排名""唯点击量排名"的顽疾，确保主流媒体的权威声音得到有效传播，发挥正面声音的引领作用，积极营造风清气正的网络环境。将通过转载、聚合等形式从事互联网新闻信息服务的网址导航网站，纳入互联网新闻信息服务管理。2016年7月，针对某搜索网站推广赌博网站事件，国家网信办高度重视，要求北京市网信办进行调查，并适时公布调查结果。国家网信办有关负责人强调，搜索引擎企业必须严格执行《互联网信息搜索服务管理规定》，切实履行网站主体责任和企业社会责任，坚决不为赌博等违法违规信息提供传播渠道。同时，国家网信办、北京市网信办将依据调查结果，依法严厉查处有关违法违规行为。其次，颁布政策文件，巩固治理成果。专项整治只是互联网生态治理的第一步，关键在于建立长效机制，避免丑陋现象死灰复燃。为此，国家网信办等行政主管部门，边整治边建章立制，努力固化治理成果。根据国家互联网信息办公室于2016年6月25日发布《互联网信息搜索服务管理规定》要求，互联网信息搜索服务提供者应当落实主体责任，建立健全信息审核、公共信息实时巡查等信息安全管理制度，不得以链接、摘要、联想词等形式提供含有法律法规禁止的信息内容；提供付费搜索信息服务应当依法查验客户有关资质，明确付费搜索信息页面比例上限，醒目区分自然搜索结果与付费搜索信息，对付费搜索信息逐条加注显著标识；不得通过断开相关链接等手段，牟取不正当利益。国家互联网信息办公室于2016年6月28日又发布了《移动互联网应用程序信息服务管理规定》。该规定要求移动互联网应用程序提供者严格落实信息安全管理责任，建立健全用户信息安全保护机制，依法保障用户在安装或使用过程中的知情权和选择权，尊重和保护知识产权。国家互联网信息办公室有关负责人表示，出台该规定旨在加强对移动互联网应用程序（APP）信息服务的规范管理，促进行业健康有序发展，保护公民、法人和其他组织的合法权益。

（二）互联网成为凝聚共识的主渠道

近几年，我国网络信息生态发生了显著变化，即体制内主流媒体和政府管理部门在互联网领域越来越活跃，开始逐步适应网络传播规律，"入乡随俗"地与网民开展互动交流，在一些突发的公共事件中可以做到快速反应，回应民意。在2016年4月19日召开的网络安全和信息化工作座谈会上，习近平总书记强调："网民来自老百姓，老百姓上了网，民意也就上了网。群众在哪儿，我们的领导干部就要到哪儿去……善于运用网络了解民意开展工作，是新形势下领导干部做好工作的基本功。"向领导干部提出了走好"网络群众路线"的新要求，其中明确提出："让互联网成为我们同群众交流沟通的新平台，成为了解群众、贴近群众、为群众排忧解难的新途径,成为发扬人民民主、接受人民监督的新渠道。"①

互联网时代,社会舆论的产生传播模式发生了一些变化。舆论主体既有独立的、平等的、匿名的网民个人,也包括在互联网参与舆论活动的各种组织,如门户网站、传统媒体网站、电子政务平台以及网络公关公司等等;舆论议题一部分来源于报纸、电视、广播等传统媒体,更有大量来自用户独立创造的信息,其辐射面之广、传播速度之快前所未有;互联网空间的舆论意见相对而言更加多元,虽然主流媒体在网络舆论环境中的意见仍然重要,但"一统舆论界"的现象已不复存在;互联网打破了社会信息的层级特质,使得政治机构与网民共处于一个平等开放的网络舆论环境,因此网络舆论酝酿和发展过程对于实现舆论效果更加重要。

由于互联网舆论传播速度快、影响力高,因此舆论周期相对较短,虽然基本遵循了传统社会舆论的线性发展模式,但阶段性并不如传统舆论明显,互联网中多个传播主体共同营造了"网络信息场",社会议题在"网络信息场"中以自上而下或自下而上的议程设置路径被"引爆",形成舆论中心事件,后经转帖、搜索引擎、社会网络、网络推手以及线下运动等迅速扩散放大,在此过程中经意见互动与观点交锋形成"优势舆论意见"。

(三)社会化媒体的"小众化"和"圈层化"解构互联网空间

社会化媒体的快速发展使得传播受众的大众化逐步向小众化和圈层化发展。小众化是指一群拥有同样爱好的粉丝们自发建立起小型社交网络。近年来,这种基于社会化媒体的小众化趋势更加明显。微信公众号、朋友圈的广泛应用,微视频社交风起云涌,美拍、抖音等 APP 领跑短视频社交新格局,分享、互动、交友构成视频应用的三大综合社交模式。随着 4G、5G 网络以及各种可穿戴设备和视频社交的发展,小众化自媒体将获得更大发展空间。这种依托

① 习近平:《在网络安全和信息化工作座谈会上的讲话》,人民出版社 2016 年版,第7—8页。

社会化媒体的"小众化"传播方式重新解构了大众传播的范式,也将带来网络舆论生态的迭代更新。舆论的形成更加依赖于朋友关系,使传统的精英语境变成了一种独特的草根解构精英甚至否定精英的语境。社会化媒体更像是一个话语表达的"集市",任何个人、组织都可以方便的互动交流,自由地发表言论,在这个集市中,激荡着各种不同的观点,主流观点的脱颖而出源于自组织的结果。

不同的人群按照各自的兴趣、话题组成各种圈群,并在圈群中积极地进行沟通交流和社交活动。圈群是议程设置的核心,圈群既有高度的开放性、个体性和大众性,也具有一定的组织性和规模性,能够放大个体议程,使个体议程进入公众、媒体甚至政策的视野。舆论形成是从个体到单个圈群,再到多个圈群,呈放射状逐渐扩张的。圈群议程成为从个体议程到公众议程、媒体议程甚至政策议程的最为关键的中间变量。比如马航 MH370 客机失联事件中,网民通过微博、微信对搜救工作进行讨论,对失踪者家属的关怀和鼓励,各种新鲜的报料、质疑都是先在一个小圈子中讨论和传播,然后逐步扩大,形成全国范围内的议题。

二、当前中国互联网生态治理的关键问题

在分析当前中国互联网生态治理的现状基础之上,我国互联网生态的关键问题浮出水面,这其中涉及我国互联网生态治理的基本目标、治理对象等多个要素。治理目标体现了政府的价值取向,纵观我国网络生态治理目标的变迁可以发现,政府对互联网的基本定位是治理工具,政府对互联网逐步从管理过渡到治理。互联网关乎国家安全和社会稳定,这是国家日益重视网络生态治理的重要原因,因此,政府一切互联网治理政策的出发点,不仅要重视治理目标,也要重视权利保护。

近年来,随着互联网的发展,各国凝聚共识,认为互联网虽然没有国界,但互联网治理并不能超出主权国家的属地管辖。尽管有学者将移动互联网描述

为一个"新的社会操作系统",这个系统与过去长期存在的由政府、家庭、社区和工作群体组成的社会操作系统截然不同,个人位于自治的中心。① 但是事实却并非如此,这种观点并未得到认可。从互联网对社会结构的重构视角来看,我国对互联网的治理与互联网的发展并进。互联网社会如何避免失控失序? 互联网治理如何不抑制互联网健康发展? 如何发挥互联网治理多元主体的优势? 这些问题直接关系到互联网治理的价值选择。

从现实结果来看,我国政府在互联网治理上下了很大功夫,一如既往确保政策尽量满足互联网企业的发展需求,保持互联网的发展活力。因此,在互联网治理目标的确立上,必须要思考的一个问题是:如何处理好治理与保护的平衡。贯彻落实切实可行的互联网治理策略,除了有明确的治理目标之外,还需要有明确的治理对象。根据网络生态链的理论,网络生态是由多主体组成的互动性系统,在这个系统之中,包含信息生产者、信息传播者和信息接收者,因此互联网的生态治理也应该主要从这几个主体入手。

第五节　中国互联网生态治理的方法与路径

在以往研究中,不同学者对互联网治理方式的内涵外延均有不同理解,有学者将我国互联网治理分为法律、市场、自律和技术 4 种②,或者分为行政管理、法律法规、自律规约与行动以及技术控制 4 种③,这种划分方式本质上是按管理主体为划分依据,在实践上四种方式并非独立存在,需要相互配合发挥作用,其内涵超越了本书的互联网治理方式。本书对互联网治理的定义聚焦于政府部门对互联网的管控,因此互联网生态治理方式也主要聚焦于微观层

---

① 参见[美]李·雷尼、巴里·威尔曼:《超越独孤——移动互联网时代的生存之道》,杨伯溆、高崇译,中国传媒大学出版社 2015 年版,第 5—6 页。

② 参见许亚伟:《中国互联网治理机制研究》,《北京邮电大学学报》2008 年第 5 期。

③ 参见张东:《中国互联网信息治理模式研究》,中国人民大学 2010 年博士学位论文,第 71—89 页。

面政府采用的法律或行政手段。相比于此前研究者的定义,本书研究的治理方式更加具体。

中国网络生态治理方式丰富多样。有学者通过聚类分析,将中国网络生态治理策略在宏观层面划分为制度化管理、运动式管理、代理式管理、非传统管理 4 种,中观层面划分为前置审批、过程监控、事后追责、主体行动、企业自律、市场调节和社会监督 7 种,微观层面则梳理了申请报批、备案制度、许可制度、实名制、内容审查等 21 种具体措施。① 在微观层面,这些管理措施十分全面,但是分类上仍然存在一些较为模糊不清的现象,例如属地管理与问责制应该是一种常规的制度化手段,专项行动往往是多种手段并用的一种工作方式,能否作为一种独立的管理方式值得商榷,而且推进专项整治行动制度化、常态化也是近两年的一个趋势,此外新出现的约谈等新手段尚未纳入以上研究。基于此,为更全面地反映我国网络生态治理方式全貌,更清晰地梳理我国网络生态治理策略,本节试图从网络信息传播过程出发,将网络生态治理方式分为前端信息发布资质管理、中端有害信息追踪管理和后端违法行为惩治管理三大类,在信息传播的不同阶段,呈现出不同的管理策略。

一、前端信息发布资质管理

互联网信息传播前端管理是指在信息发布之前对发布单位资质的管理,主要手段包括审批许可制度、备案制度、网络实名制等,其目的在于从源头上控制信息发布机构,管理思路与传统媒体管理一脉相承。

(一)审批许可制度

审批许可制度是我国互联网信息服务从业者应遵循的基本制度。我国对电信业务实行许可制度,对电信终端设备、无线电通信设备和涉及网间互联的设备实行进网许可制度,对经营性互联网信息服务实行许可制度,对互联网上

---

① 参见李小宇:《中国互联网内容监管机制研究》,武汉大学 2014 年博士学位论文,第103 页。

网服务营业场所经营单位的经营活动实行许可制度,对从事信息网络传播视听节目业务实行许可制度,对互联网新闻信息服务实行许可证制度。许可证一般由相应主管单位负责发放,如文化部审核发放《网络文化经营许可证》,药品监督管理部门负责核发《互联网药品信息服务资格证书》。通过审批许可,政府有效掌握了互联网信息发布源,通过资质审核排除潜在风险,是一种基础性的管理手段。我国长期以相同方式对传统媒体实施审批许可的经验证明,这种手段的管理效果十分有效。

(二)备案制度

备案制度是审批许可制度的一种补充,一般主要针对非经营性的互联网信息服务进行。在我国,进行国际联网的计算机信息系统须向公安机关备案,用户在介入互联网时需要向公安机关备案,对非经营性互联网信息服务实行备案制度。备案制度与审批许可制度较为类似,只是在管理对象的重要程度或可信任程度与许可制度的管理对象略有出入。

(三)网络实名制

网络实名制规定是 2015 年年初全面推广的新政策。2015 年 2 月,国家互联网信息办公室发布《互联网用户账号名称管理规定》("账号十条"),规定在博客、微博、即时通信工具、论坛、贴吧、跟帖评论等互联网信息服务中注册使用的所有账号,均需按照"后台实名、前台自愿"的原则,间接实现网络实名制,其目的在于解决互联网前台名称乱象等问题。

二、中端有害信息追踪管理

互联网信息传播中端管理是指信息发布过程中对可能存在的有害信息内容的追踪管理,主要手段包括审查制度、信息监控、不良信息举报等,核心诉求在于及时掌握网络有害信息动向,以求早掌握、早封堵、早处理,管理思路与治安管理较为相似。

(一)信息审查制度

与审批许可制度不同的是,信息审查制度主要针对具体互联网信息本身,尤其是互联网信息作品的审查。最典型的审查制度出现在《互联网等信息网络传播视听节目管理办法》中,其中明确要求相关信息网络机构必须建立健全节目审查、安全播出的管理制度,实行节目总编负责制,配备节目审查员,对其播放的节目内容进行审查;用于通过信息网络向公众传播的影视剧类视听节目必须取得《电视剧发行许可证》《电影公映许可证》。信息审查是对互联网信息的直接管控,管理者充当了"把关人"的角色,但目前该制度仅在互联网音视频作品审查中运用得较为成功。由于互联网信息的海量性和流动性,做到对互联网信息内容的全部审查是不可能的,因此,这种审查往往需要由行业自律和举报配合使用。

(二)信息监控

信息监控是指对互联网信息的动态监测。据《互联网等信息网络传播视听节目管理办法》规定,省级以上广播电视行政部门应设立视听节目监控系统、建立公众监督举报制度,加强对信息网络传播视听节目的监督管理。信息监控既包括人工监控,也包含对六大商业网站、中央重点新闻网站等内容把关人员的培训,还包括特定的技术监控,如关键词屏蔽等等。在实践上,目前运用较为成熟的其实是舆情监测。随着社会化媒体等新媒体的兴起,互联网舆论对现实社会的影响力越来越大,加强网络舆情监测已经成为政府部门的共识,许多政府部门都设有专门的舆情监测员,以及时掌握网络信息,丰富决策参考依据。信息监控在操作上往往要求相关网络信息服务商记录备份数据资料,以配合内容审查及事后追责,对社会影响恶劣的信息则往往采取果断措施清除影响。

(三)不良信息举报制度

不良信息举报制度是利用网民力量加强网络生态治理的重要方式。早在2005 年,中国互联网违法和不良信息举报中心正式成立,其核心职责是接受和处置社会公众对互联网违法和不良信息的举报,以维护互联网信息传播秩序,搭建公众参与网络治理的平台,建设文明健康有序的网络空间。该中心成立以来,接手处理的案件日渐增多。可见,不良信息举报已经成为我国互联网信息日常管理的重要手段。

三、后端违法行为惩治管理

互联网信息传播后端管理是指对于已经发布并产生社会影响的不良信息发布者或传播者实施的执法管理,包括罚款、停止服务责令整改、吊销资质、约谈等手段,其目的在于依法追究相关组织或个人的法律责任,落实日后的整改措施。

(一)罚款及关停服务

罚款和停止服务责令整改是对违反行政法规、部门规章但尚未构成犯罪的互联网违法行为的惩治手段。罚款对象可以是个人或单位,罚款金额以惩罚性为主。停止服务责令整改几乎是互联网信息服务相关法律法规的惩罚标配。如果情节较为严重,或拒不改正的,则有可能被吊销经营许可证或取消联网资格。如果涉及犯罪,则依法追究刑事责任。

(二)互联网约谈

互联网约谈是我国中央及地方各级互联网信息办公室运用的一种新型网络生态治理方式,其约谈对象主要为互联网新闻信息服务单位。流程化的互联网约谈起源于中央网信办 2013 年到 2014 年约谈网易和新浪的管理实践,结果证明约谈具有较好的效果,基于此,2015 年 4 月 28 日,网信办研究出台了《互联网新闻信息服务单位约谈工作规定》,该规定即为著名的"约谈十条"。约谈作为一种管理手段,在实施初期实质上还是对互联网信息服务单位的事后追责,目前已经在事前警示、事后整改、整改评价等有了新的理论与实践发展,成为一种规范化的互联网治理手段。

(三)调查组进驻

2016 年百度广告竞价排名因"魏则西事件"首次进入激烈的公共讨论中。2016 年 5 月 9 日,国家网信办公布了自 5 月 2 日起会同国家工商总局、国家卫生计生委和北京市有关部门成立联合调查组进驻百度公司后,集中围绕百度搜索在"魏则西事件"中存在的问题、搜索竞价排名机制存在的缺陷进行调查取证得出的结果,明确指出百度搜索相关关键词竞价排名结果客观上对魏则西选择就医产生了影响,百度竞价排名机制存在付费竞价权重过高、商业推广标识不清等问题,影响了搜索结果的公正性和客观性,容易误导网民,必须立即整改。

四、其他手段

(一)专项治理行动

专项整治是网络生态治理的一种重要方式,一般是针对某方面出现的集中性问题而展开的,在较短的时间内从重、从快进行的行政检查、执法处罚行动,由主管部门或多个部门协同配合实施,具有针对性强、见效快、社会影响力大等特点。网信办成立至今,曾发起和组织了"依法整治网络敲诈和有偿删帖专项行动""婚恋网站严重违规失信专项整治工作"等多场专项整治行动,仅 2015 年围绕网上"扫黄打非"就开展了"净网""固边""清源""秋风""护苗"等五个专项行动,管理执法日渐常态化。2021 年和 2022 年已经形成了"清朗"系列专项行动,从整治"饭圈"到打击谣言、流量造假等,整治内容乱象,规范传播秩序。

(二)网站评分奖惩

网站评分奖惩是针对重点网站的一种激励管理,分管部门可根据需要对所属领域的重点网站或网络信息服务商进行评分管理,评分结果可作为年终检查或奖惩依据,评分指标、奖惩周期较为灵活,是网信主管部门常用的日常管理方式。这种网站评分奖惩制度又激发了网站平台对内容监管的积极性。

五、中国网络生态治理方式的不足

一个值得深思的问题是，尽管我国建立了从前端到后端的网络生态治理方式体系，但管理上仍有不完善之处。国家的机构设置及其制度建构试图把不同的利益、形形色色的管理对象纳入一个统一的管理系统，因此必然存在多种多样的冲突矛盾。[①] 逻辑再严密的法律构造都无法避免监管漏洞。

互联网治理通常是结果性规制，面对不断变化发展的互联网，现有法律法规往往很难恰当地、全面地评价和概括违法违规的行为，例如，人工智能引发的互联网生态治理问题。我国现有的法律法规中暂时缺乏对以上新问题的考量，不仅需要弥补法律空白，还需要从整体上对相关方面的配套法规进行立法规划。同时也不能仅仅局限于我国现有的治理手段，还需要不断创新，同时借鉴国际治理先进经验。[②] 而在我国，控制市场准入和行政处罚是政府最常规的管理手段，政府通过这两种方法把握互联网信息的"入口"和"出口"，将这两种设置为基础性的管理方法是制度设计的初衷，但从实践上看，针对突发问题的临时性应急管理手段恰恰成为我国网络生态治理的常态，这直接影响了我国网络生态治理效果。

创新是互联网发展的灵魂，互联网新技术、新应用引发新问题是发展必然，在这种情况下，应该用更具前瞻性的眼光重新审视网络生态治理。从目标、主体、方式、效果四个方面入手分析，设计符合我国国情的网络生态治理策略将是下一阶段我国网络生态治理的首要任务。

---

① 参见[德]威廉·冯·洪堡：《论国家的作用》，林荣远、冯兴元译，中国社会科学出版社1998年版，第108页。

② 世界经济合作与发展组织于2019年5月22日颁布了第一个政府间的人工智能治理标准。该标准的出台也为我国应对人工智能带来的互联网生态治理新问题提供了借鉴。参见宋建宝：《经合组织人工智能标准概要：可信任AI应满足五项基本原则》，《互联网法律沙龙》2019年6月28日。

第六节　中国互联网生态文明建设的未来

互联网是一个自由和秩序需要形成平衡的空间。网络生态平衡一旦被打破，互联网空间就会呈现出一种无秩序的状态，进而威胁到现实社会的秩序，对人民的生产生活和国家发展产生危害。目前我国网络生态环境存在内容乱象和信息生态链缺失的问题，这也成为我们下一步治理网络生态环境的主要入手点。在前述的我国网络生态治理的基本框架的基础上，我国的网络生态治理在面向问题的同时，需要从网络信息生态链的基本逻辑出发，从信息流动的各个主体、各个环节入手，在政府规划与牵头的基础上，挖掘企业、媒体与网民的自治潜能，实现共治共享的综合治理模式。

一、互联网生态治理的基本原则

第一，互联网生态治理以内容治理为核心。网络生态以信息为核心，信息内容治理是互联网生态治理的源头和重点。当前网络生态存在的核心问题是互联网信息良莠不齐，尤其是包含一些负面信息，严重威胁网络生态的绿色可持续发展，有碍清朗的互联网空间的形成。互联网信息内容治理成为互联网空间治理的重点和难点。

第二，互联网生态治理以流程管理为抓手。网络生态的本质是信息生态链，基于互联网生态链进行互联网生态治理是互联网空间治理的重要抓手。把信息生态链的思想融入网络生态治理，要求从信息生态链的各个环节入手，通过过程管理和流程控制，形成对信息发布源、信息流通过程、信息传播环境等的精准把控。通过理顺信息生态链中的相互作用关系，将信息生态失衡带来的负面影响降到最低，着力推进信息绿色、安全、高效传播，形成清朗和谐的网络生态环境。

二、中国互联网生态治理的基本框架

第一,在价值选择方面注重规制与保护的平衡。互联网管理需要尊重互联网发展基本规律。网民和互联网企业是互联网的主要参与者,因此我国在互联网管理上要跳出传统的以政府为中心的出发点,从管制思维向治理思维转换,处理好政府、企业和网民之间的关系,加强对互联网参与者主体权益的保护,追求实现互联网管理与保护的平衡,从而推进我国互联网持续健康快速发展。

保护互联网参与主体的权益是永葆互联网发展动力的根本要求。我国网民规模已达 10 亿多,是互联网的最主要参与者。一方面,网民在推动互联网技术进步和发展过程中有着重要的作用;另一方面,网民也是网络文化的创造者、传播者与接收者。

2016 年 4 月 19 日,习近平总书记在网络安全和信息化工作座谈会上提出,网信事业要发展,必须贯彻以人民为中心的发展思想。① 这一思想对变革互联网管理目标是纲领性的,它将互联网管理的出发点和落脚点聚焦在保护人民利益这一根本点上。也就是说,要做到管理与保护的平衡,最根本的要求应该是:管理政策不应触犯网民的根本利益。通过保护互联网参与主体的权益,激发参与主体的自主性和积极性,从而形成一种自组织的运行机制,可以增强互联网生态系统的免疫功能和自愈功能,以此形成对互联网信息的有效管理。

第二,在治理体制方面要注意行业与属地的配合。如前所述,我国互联网生态治理体制目前存在两大问题:横向上网信办与其他政府机构的协同配合机制尚不健全;纵向上中央网信办与地方配套机构的行政领导体系尚不健全。互联网管理事实上涉及行业管理和属地管理两个方向的问题,行业上涉及网

---

① 习近平:《在网络安全和信息化工作座谈会上的讲话》,人民出版社 2016 年版,第 5 页。

信办与其他管理部门的协同，属地上涉及中央网信办与地方网信部门的协同。在治理体制上，应探索建立完善的行业协同管理体系和区域领导管理体系，实现行业管理与属地管理的有机配合。

行业上的管理协同是我国互联网管理的老问题，根本问题在于缺乏长效的协作机制。就现实情况而言，最可行的办法是在各行业板块主管部门设立专门的网络工作办公室，建立起中央网信办与各相关部委的常态化联络合作机制，构建以网信办为主导，各管理部门、多网络主体的协同工作模式。

区域上的属地管理协同涉及我国传统的行政管理体系。互联网不同于传统社会很重要的一点就是它打破了地域的界限，突破了传统基于地缘的社会网络，因此，互联网管理往往是跨地区的。但是，互联网管理又不能完全脱离分区域的属地管理，相反，当前一个管理思路是"守土有责、守土尽责"，强调加强属地管理的作用，这就要求中央网信办对全国网络生态治理工作有"一盘棋式"的认识和谋划。事实上，互联网的综合性和复杂性也决定了互联网管理体制必须因地制宜、因时制宜，因此在中央网信办的统一规划之外还需要地方网信工作部门、各网站主体，认清具体形式，根据属地特征，切实的开展工作。

第三，在治理机制方面要强调应急与常规的协同。互联网管理法制不健全的问题不光体现在缺乏高位阶的基本法律，更体现在当前法律法规缺乏适应性。许多法律法规的具体内容都是原则性的规范，应用性不足，不同法律文件对同一违法行为甚至处罚方式和力度各不相同，这就造成一些互联网监管方式无法落地的问题。其结果就是，我国互联网信息常规管理与应急管理的地位错位。应急管理成为我国当前网络生态治理最常用的手段，而常规管理手段对新兴的互联网环境适应性不足。理想的管理机制应该是应急管理与常规管理协同配合，共同发力，提升互联网生态的免疫力。

一方面，要在大量的应急管理经验中提炼出一套常规管理办法。应急管理以其灵活性强、效率高而应用广泛，我国有大量的应急管理经验，总结出一套工作原则、方法和流程,将其上升为常规管理办法,从而提升常规管理手段对新情况、新问题的适应性,能对恶意钻法律漏洞的违法行为形成有效威慑。

另一方面,要更多地将常规管理中的手段应用到应急管理中去。常规管理手段能有效把握互联网信息的"入口"和"出口",相当于成为互联网的把关人,如何明确标准、"把严关口"是应该思考的核心问题。尤其是在互联网"出口"关上,如果能在国家层面建立清晰的标准,即使遇到出现的新问题,同样可以在应急管理中应用基本标准进行处理,在这种机制下,互联网参与者会更加谨慎地评估违法风险,从而使得互联网生态的免疫力大大增强。

第四,在管理创新方面要重视评估与改革的互动。建立科学的管理政策效果评估体系需要在评估主体和评估模型上进行全面创新。要改变互联网管理的"自建自评"模式,引入第三方机构对管理政策进行评估。第三方机构应该独立于政府,也应独立于互联网行业,要能超越互联网参与者的立场对管理政策进行评估。

科学的评估模型可以尝试构建基于政府、互联网企业、网民的三维政策评估模型,分别从政策有效性、政策效率、政策满意度三个方面对管理政策进行赋分测评,利用测评数据构建三维坐标图,通过政策得分分布,筛选出受到政府、企业、网民普遍高赋值的政策,淘汰低赋值区域的政策,改进某个主体赋值较低的政策,用可量化的评估结果推进我国互联网管理政策的改革创新,让政策效果评估真正成为推动我国互联网管理创新的重要一环。

三、中国互联网生态治理的具体策略与建议

具体而言,基于网络生态的互联网生态治理可从以下几个方面入手:

(一)互联网信息内容设立分类"红线"

由于网络生态治理以内容治理为核心,因此可以由有关部门牵头制定网络信息内容"红线"标准,要求互联网信息服务商和消费者严守"红线",作为

一种底线管理方式,该手段能有效奠定网络生态的基调。具体而言,可以从以下几个方面设立分类"红线":(1)谣言信息红线;(2)情色信息红线;(3)暴力信息红线;(4)意识形态信息红线;(5)互联网犯罪信息红线;等等。此外在互联网信息内容方面还要注意以下问题:

一要提升正能量信息供给量。特别是互联网困难群体,包括不信任互联网、运用互联网有障碍的群体以及容易轻信互联网的青少年,必须对他们施以正能量的援助,将正能量的内容传递给他们。

二要让官方舆论场和民间舆论场保持一致。坚持党管媒体,把握好舆论导向。党性原则是新闻舆论工作的根本原则。党管媒体是坚持党的领导的重要方面。

三要充分发挥新媒体和融媒体的凝聚共识作用。在着力发挥新媒体和融媒体作用的同时,也要注意强化主流媒体网站的议程设置作用。

(二)加强网络信息生态链管理

信息生态链理念是网络生态治理过程中的重要理论。这就要求我们从信息生态链的各个环节入手,实现对信源、信息传播路径和信息传播环境等关键节点的精准把控。

一要增强社交媒体的内容整合作用。微博、微信等社交媒体"碎片化"的特点,一方面便于信息的快速增殖和传播,但另一方面也造成了信息噪声的增加和各类信息的泛滥。此外,社交媒体快节奏的传播方式也让受众的思维方式日趋跳跃,非理性因素上升。因此,社交媒体管理者有必要筛选、删除、屏蔽一些低质量、不健康的垃圾信息,让优质的信息聚集起来,从而整体提升社交媒体的内容整合作用。

二要强化网络意见领袖的舆论引导机制。网络意见领袖往往能够影响网络舆论的走向,分为自上而下和自下而上两种类型。前者是组织机构赋予的,后者是民众自发推举形成的。由于网络意见领袖的强大辐射力和影响力,我们必须强化对于这一群体的舆论引导机制。对于自上而下的网络意见领袖,可以采取基于职位的"软控制"方式,通过相关政策规范他们对内容的审查和把关行为,从而潜移默化地影响公众舆论。对于自下而上的网络意见领袖,要积极发挥他们在群体中的"领头羊"效应,对于符合主流价值观念的舆论领袖要重点培养,引导他们成为政府的"网络发言人"。

三要发挥网络社群的凝聚作用。互联网的普及也让形形色色的网络社群在信息传播中扮演着越来越重要的角色。网络社群是虚拟空间中的共同体,一般具有意识、行为及利益的共同性和比较明确的边界。要积极发挥社群管理者凝聚共识的作用,提高其媒介素养和议程设置能力,使其能有意识地对网民观点进行引导。

(三)强化互联网信息生产主体责任

当前网络生态环境下,互联网信息生产主体主要包含两类部门:新闻网站等内容生产商和自媒体用户,强化信息生产主体责任有助于加强信息生产主体的自律自觉,从源头上把好关,牢牢控制不良信息的出口。具体而言,可以从以下三个方面开展工作:

一是加强互联网信息生产机构资质认定工作。尤其是要做好商业网站的资质认定,推进落实商业网站记者编辑持证上岗,督促网站发挥好"把关人"的作用。

二是有针对性地开展互联网信息生产机构公信力评估。可以委托第三方机构定期对主流新闻网站和商业网站等开展公信力评估,用评估结果约束网站、教育网民,一方面可以督促机构加强自我审查,另一方面也能帮助网民提高警惕,以免受到不良信息侵害。

三是加大对互联网信息生产主体追责的力度。互联网并非法外之地,无论是机构还是个人,都需要对自己发布的信息负责,加强对不良信息发布主体的追责,有利于加强主体自觉和自律。

(四)明确互联网信息传播的主体责任

互联网环境下,信息传播呈现网络化特征,信息经过一些关键节点的传播能以几何级数扩散，这些关键节点既可以是信息整合平台如门户网站、论坛贴吧等，也可以是网络意见领袖，因此明确互联网信息传播的直接责任对于减小不良信息的破坏力有重要作用。同样可以从以下三个方面入手：

一是强化互联网信息传播机构资质认定。要求商业网站要对本网信息内容安全高度负责，必须具备完善的网站信息内容监控制度体系，全面建立内部控制体系、自律机制、审发机制、重点审核机制、主动辟谣机制，确保网站内部管控全天候、全流程、全覆盖。

二是互联网信息传播机构公信力评估。加大对传播不良信息的机构的曝光，通过口碑倒逼机构严格把好内容关，督促建立编辑三问机制：第一询问信息来源，辨别真伪；第二询问信息发布动机；第三询问信息发布效果，要求可预见。要求设立发稿人三问机制：第一询问重大新闻是否发布，紧抓重点新闻信息；第二询问总体布局是否适度，关注正、负面信息分布是否平衡，合理排布负面信息数量；第三询问跟帖互动是否可控，关注新闻信息发布影响，从根本上有效杜绝只审核新闻本身忽视跟帖回复的现象。

三是加强对不良互联网信息传播行为的追责。对于因机构或个人传播的不良信息损害他人合法权益的，应依法追究相关主体的责任。

（五）增强网站主体的责任意识和诚信意识

习近平总书记指出："网信事业代表着新的生产力、新的发展方向，应该也能够在践行新发展理念上先行一步"。① 创新、协调、绿色、开放、共享的新发展理念，是当前和今后一个时期我国发展的总要求和大趋势。互联网企业作为新势力和改革者，必须首先践行新发展理念。

中央网信办于 2016 年也提出"双基双责"的方针，强调要"重基础管理，强化网站主体责任"。所谓"重基础管理"，就是要切实加强网站制度规范的落实，确保总编辑负责制等相关制度有效执行。所谓"强化网站主体责任"，

---

① 习近平：《在网络安全和信息化工作座谈会上的讲话》，人民出版社 2016 年版，第 4 页。

就是要按照"谁主办谁负责"的原则,切实把网站的管理责任落实到位。

在完善现有管理体制机制和政策法规的前提下,应积极发挥"德治"的作用。鼓励网站主体建立积极向上、诚实守信的企业文化,对本企业内部违反诚信的行为进行自查自纠。中央网信办应发挥在我国网信事业中的领导作用,联合重要网站和行业组织,在行业内部形成诚信联盟,提高网站主体的责任意识和诚信意识。

(六)提升互联网信息受众的媒介素养

网民是网络的使用者,网民的意识、知识和技能对维护网络生态和谐发展至关重要,应着力通过多种方式提升互联网信息受众的媒介素养。

一是应通过多种方式加强网民互联网媒介素养教育,倡导网民培养良好互联网使用习惯。通过在全国范围开展形式多样的宣传教育活动,培育有高度安全意识、有文明网络素养、有守法行为习惯、有必备防护技能的"四有"好网民。

二是重视不良信息举报和监督。要利用广大网民的力量,加强对海量信息的审核,对不良信息做到及时发现、及时处理。

(七)强化各级网信部门的属地管理责任

除了增强网站主体责任,中央网信办在"双基双责"方针中还强调要强化属地管理责任,就是按照"谁主管谁负责"的原则,强化各级网信部门对所在地网站的监督管理责任。这就要求全国各级各地网信部门要持续加大网信行政执法工作力度,严厉查处网上违法信息和网站违法行为。

一是严肃查处传播危害国家安全信息的违法行为。各级各地网信部门要会同工信部门依法关停一批大量发布、传播危害国家安全信息的违法网站,有关网站要按照服务协议关闭、禁言一批大量发布反对宪法确定的基本原则、危害国家安全、破坏国家统一、损害国家荣誉和利益、破坏社会稳定信息的违法账号,坚决阻断相关违法信息的传播扩散。

二是依法查处其他各类网上违法信息和违法行为。各级各地网信办要切实加大行政处罚力度,有力推动"网上涉电信诈骗有害信息集中整治""网上生态专项整治"等专项行动深入开展,依法查处淫秽色情、暴恐血腥、敲诈勒索、侵权假冒、虚假谣言等各类违法信息和网站。

三是重点约谈曝光一批违法违规网站。各级各地网信部门要围绕网络信息传播突出问题和网站监管难点问题集中开展约谈工作,加大对违法违规网站的曝光力度。

四是网上网下贯通,党心民意同声。全国网信系统要继续加大行政执法工作力度,重点查处人民群众反映强烈的违法信息和行为,进一步畅通受理网上违法违规和不良信息举报投诉渠道。

(八)建立科学有效的网络信息评估体系

由于互联网信息的物理载体就是网络信息技术。因此,网络生态治理必须立足技术前沿,掌握技术博弈制高点,建立一套科学有效的网络信息评估体系。政府应该充分利用前沿技术,预防信息安全漏洞,保障网络安全,同时还要提高舆情分析系统的效能,掌握网络治理的主动权。政府应加强与发达国家的技术交流和合作,提升本国自主研发能力,强化网络舆情信息系统建设。例如,利用大数据、人工智能最新技术对网络舆情进行实时监控,做好网络谣言发布者和地点的取证工作。此外,我们要加强改进网评工作,建设一支强大的网军队伍,为网信事业提供有力的人才支撑。

(九)开展互联网信息乱象专项整治

专项整治是网络生态治理的一大法宝,针对网络信息传播中的各类乱象,国家网信办牵头启动了一系列专项治理工作,例如,组织净化网络环境专项行动和网络敲诈及有偿删帖专项整治工作等等,这项工作要继续下去,逐一整治各种乱象,以促进网络生态更加清朗。

专项整治工作的开展还要注意"度"的问题,要把硬性监管方式和软性监管方式结合起来,在信息渠道多元的网络环境下,政府要尊重网民的主体地位,保护其合法权益,避免"一言堂"式的话语方式;要增强自身资本,争夺网络话语主导权;要充分利用新媒体搭建平等的网络对话平台,促进政府、媒体和公众之间的良性互动。要把专项整治与制度、法律建设结合起来。

(十)加强网络生态治理法律法规建设

自 1994 年接入国际互联网以来,我国已制定了数十部与互联网有关的法律、行政规范和部门规章,包括第一部关于互联网的法规——《中华人民共和国信息网络国际联网管理暂行规定》以及《关于维护互联网安全的决定》《互联网信息服务管理办法》《互联网电子公告服务管理规定》等法律法规。我国的网络生态治理已经初步形成了框架和体系。

但是现有法律文件依然无法满足依法治网、依法管网的要求,一方面需要进一步推进高位阶的互联网基本法律的制定,另一方面应结合部门工作内容制定管理办法,从而有利于有针对性地开展工作。此外,在信息安全管理方面,我国在立法上仍存在一定空间,有些司法解释不够明确,对信息网络犯罪的定罪界限和量化标准不够清晰。因此,政府要着重完善信息安全立法,以消除法律盲区,切实保障网络信息的安全。

(十一)加强网络生态制度建设

中央网信办在"双基双责"方针中强调,要"重基本规范",要制定行之有效的制度规范,确保有章可循、有据可依、有违必究。宏观理念上,要加强科学的顶层治理战略,整合社会综合资源和实力;中观理念中,要转变治理思路,从整体观角度实现治理战略,完善制度化建设,从结果规制过渡到事前防御;微观理念上,动员一切可以动员的人民力量,发挥包括网民在内的网络生态群体力量。具体而言,就是要在管理体制上,促进行业与属地的配合;在管理机制上,实现应急与常规的协同;在管理创新上,推动评估与改革的互动。

(十二)注重多元主体的综合治理

在信息流转程序中,多元主体不仅参与生成网络内容,也参与网络内容的消费,同时也是网络内容的添附者,赋予网络内容更大的价值。在内容责任分担中，多元主体不仅可能是侵权内容生产者、发布者、传播者等，也可能是被侵权人，这就意味着多元主体应当根据自己的过错、权限、是否尽到合理义务而为内容等负责，成为责任的分担者，抑或通过各种途径维护自己或者帮助他人维护合法权益。

第十章　互联网生态的评价

对互联网生态进行系统化、科学化的评价,需要建立科学合理的互联网生态评价指标,该指标应当遵循确定的目标与一贯始终的基本原则,同时,该指标应当具有完整的研究思路与步骤,确保指标可以操作实施,并根据最终评价结果提出客观的互联网生态治理对策建议。

第一节　互联网生态评价指标的
建构目标与基本原则

在构建网络生态评价指标体系时,需遵循一定的目标和原则。目标的制定将明确网络生态评价指标建立的针对性和系统性,原则的建立则确保研究视角和评价标准的统一。构建互联网生态评价指标体系有助于我们客观科学地评价互联网生态发展水平与发展趋向,发现现阶段我国互联网生态发展过程中出现的问题,帮助找到解决我国互联网生态治理难题的有效方案。

一、互联网生态评价体系建构的目标

要构建网络生态评价体系,必须树立科学合理的目标体系,而其中目标体系的建构需要对整个互联网生态发展态势有一个比较科学客观的预判。考虑到以上因素,我国的互联网生态评价体系应着重考虑达到以下目标:

第一，形成客观全面的网络生态评价体系，并对分类领域进行评估细化。研究运用科学的研究方法和评估体系构建方法，构建具有适应中国网络发展情况、统一标准、具有实践意义的网络生态评估总指标，并结合各个网络生态领域的特殊性进行分指标体系的评估，从而既能全面评估生态总体情况，又能对分类网络生态领域进行针对评估。

第二，为建立天朗气清的网络生态环境提供方向指引。党的十八大以来，以习近平同志为核心的党中央不断部署互联网治理工作，推动网络空间天朗气清。网络生态评估指标维度和具体指标将规范网络健康生态的方向，指标权重数值呈现也将突出生态发展的重点。

第三，明确网络生态系统中不同主体的职责和发展重点。评价体系会结合不同产业领域内的互联网企业，制定相关的评价指标，并落实到操作化流程。指标的建立和排序式的生态评价结果，帮助各个主体明确其对网络生态的影响，反思自身不足，对于网络生态系统内各主体的发展道路具有重要意义。

第四，发现网络生态中存在的种种问题，将评估结果运用于实践工作中。当前网络生态环境中存在种种乱象，网络生态评估体系可以运用到具体的网络生态领域工作中，根据评估指标和量化结果，直击网络生态发展中存在的种种问题。问题的发现可以指导相关工作，为网络生态相关工作的后续开展提供可操作化的指导。

第五，以评价体系规范治理方向，推动落实网络强国战略。网络生态评价体系的建立，是依托我国接入国际互联网近三十年以来的互联网实践和治理工作经验，依据中国网络生态现状，以规范网络生态治理、推动中国网络发展、建设网络强国为目标。

二、互联网生态评价体系建构的原则

指标体系是网络生态评价工作的基准，只有采用统一的标准和科学的方法,才能对网络生态现状进行客观、有效的评估。本书遵循目标性、全面性、系统性、科学性、可行性等原则对网络生态评价体系进行构建。

第一,目标性原则。构建网络生态评价体系首先应明确目标,并将目标意识贯穿于评价体系构建过程的始终。正如前文所述,网络生态评价体系的构建目标可概括:通过网络生态评价体系科学衡量网络生态现状,找到网络生态中存在的种种问题,从而对问题进行规范和治理,改善中国网络生态环境,并为未来网络生态治理提供启发。

第二,全面性原则。网络生态概念广泛,内容庞杂,这为网络生态评估工作带来不小难度。该原则要求在网络生态评价过程中,充分考虑网络生态的多个方面、多个领域、不同层次,在指标建构过程中综合考察、全面分析、维度通用。

第三,系统性原则。该原则强调网络生态评估体系的构建过程要以网络生态系统的整体视角来切入,以系统的思维考量各个指标之间的联系。一方面要考虑各个指标之间的联动性和互斥性,另一方面也要突出各个生态要素之间的根本性因果,在同一维度上思考指标的建构。

第四,科学性原则。构建网络生态评价体系应遵循以下科学性要求:首先,在理论梳理和相关指标体系分析的基础上,运用反映客观规律的知识体系进行设计,保证各项指标概念确切、含义清楚、计算范围明确;其次,通过定量的方法,系统科学地反映网络生态的实际情况。换言之,遵循科学性原则,即通过运用系统、科学的方法,合理选择指标,对指标进行准确而充分的概念化和操作化,并通过科学计算,达到描述和评价网络生态的目的。同时,体系内的各个指标之间应具有相应的逻辑关系、主次关系等内在联系。一个科学的评价体系应是一个层次分明、结构清晰、相互交叉又相互补充的指标群的有机结合体。[1]

---

[1]　参见田丽:《媒体竞争力评价研究》,北京大学出版社 2012 年版,第 121 页。

第五,可行性原则。该原则强调的是评价体系的可操作性,要求在指标设置时应充分考虑国内网络生态的发展情况以及数据统计情况,保证资料获取方便、指标理解容易、计算方法科学、实际操作简便。既要以客观、全面的分析和评价为目标,又要考虑实际的应用条件。应重点收集那些为网络生态评价所必需且具有可操作性的指标,适当舍弃作用一般且不易收集的指标。

第二节 互联网生态评价指标的建构思路与过程

如前所述,基于互联网生态研究尚处于起步阶段以及互联网生态评价具有十分鲜明的中国特色和现实指导意义,本书将对互联网生态评价指标建构的思路与步骤进行探讨,并对互联网生态重点领域的评价指标的建构进行详细分析。

一、互联网生态评价指标建构的思路与步骤

首先,系统梳理网络生态发展的源起、现状、特征,并结合文献分析厘清网络生态中活跃的组成要素及其作用,总结已有评价指数中值得借鉴的思路与指标,最终确定网络生态评价的基本框架和初始指标集。其次,实地调研、访谈互联网企业和网络新媒体管理者、相关政府管理者以及专家学者,对初始指标集进行调整并形成针对专家的调查问卷。再次,选取学界、业界、政府部门从业者以及普通网民组成专家组,以问卷调查的方式对调整指标进行验证,并使用灰色统计法进一步筛选评价指标,这一步得到的指标集要再次经过问卷调查与专家分析进行第二次验证。最后,采用层次分析法对筛选指标集进行赋值,赋予不同指标不同的权重,方便接下来的计算(见图10-1)。

二、互联网生态评价指标的建构过程

不同评价层次的评价指标体系指向不同的评价需求和导向。在我国,互

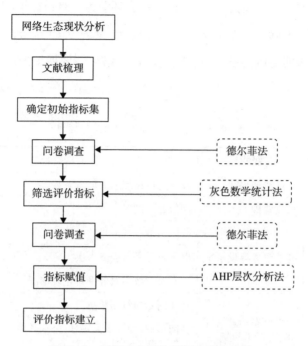

图 10-1　网络生态评价指标建构路径图

联网企业以及各类网络新媒体平台是推动网络生态发展演变的中介力量,联系着网民与信息、政府与信息、政府与网民。同时,随着它们自身的不断发展壮大,也形成了以不同领域的平台/网络新媒体为核心的子生态,并持续影响着整个网络生态。因此,本书所建构的网络生态评价指标体系包含综合指数和互联网领域分类指数两大类。综合指数旨在对国内网络生态以及各省市生态进行整体测量。互联网领域分类指数则旨在对具体领域内的具体平台/媒体生态进行测量和排名,选取了网络生态治理最为关注的社交媒体生态、网络内容生态。其中,网络内容生态又分为网络视频生态、网络新闻媒体生态、网络游戏生态三类分别建构评价体系。

(一)互联网生态综合指数建构

互联网生态评价综合指数意图对我国整体网络生态发展情况进行多角度、深层次的监测与评估,以全国各省、自治区、直辖市为测量对象,以网络生态中的重点要素——信息、主体、技术、社会环境为一级指标维度,从网络生态建设的目标出发筛选每个维度下的细分指标(见表10-1)。最终以数值为最终呈现结果表明全国各省、自治区、直辖市网络生态发展情况是否良好,并进行相关排名。

表 10-1　网络生态综合评价指标体系

一级指标	二级指标		三级指标
信息	信息清朗程度		政府处理违规违法信息条数
主体	政府	行政架构	网信部门设置
		电子政务建设水平	政府两微一端一号的个数
			电子政务平台服务人次
			政府自主数字服务平台建设情况
		网络生态治理情况(治理行为测量)	互联网专项行动数量
			关闭违规网站、个人账号、公众号数量
			约谈企业次数
		政府网络安全	政府网络受攻击次数
			政府网络漏洞出现次数
			关键信息保护系统维护情况
	企业	互联网企业规模(人员)	互联网企业数量
			互联网行业从业人员数量
			互联网上市企业数量
		社会影响力	互联网企业纳税总额
		经济效益	互联网企业产值占全(市、省、自治州)GDP 比值
		企业网络安全	企业网络受攻击次数
			企业网络漏洞出现次数
			用户隐私信息泄露次数
	网民	网络使用水平	信息消费占居民支出的百分比
		网络使用素养	教育指数

续表

一级指标	二级指标	三级指标
技术	创新性	专利数
		加入国际标准（IOS）数
社会环境	网络发展情况	网民总体规模
		互联网普及率
		手机网民规模
		网民城乡结构（城市网民占比）
	网络生态建设政策支持情况	信息产业财政支持数额
		高新技术产业园建设情况
		出台互联网相关条例（政策性文件、法律法规）数量
		网络安全宣传活动
	基础设施建设情况	网络带宽
		光纤普及率
		IPV6 技术普及率
		4G 网络普及率
		5G 网络建设情况

　　信息、主体与技术是组成网络生态内部环境的基本要素,其中信息是网络生态中的内容载体,对其内容水平的测量反映出政府对信息服务管理的成效,而对信息传播效果的评价体现平台与用户对内容的传播意愿。主体包括政府、企业与网民,是目前我国网络生态中的主要参与方。在政府主体框架下对政府行政架构、电子政务建设水平及网络生态治理情况、政府网络安全进一步测量,目的是展示网络生态中政府发挥的实质作用,同时对政府在其他要素影响时的应对情况。企业是网络生态中连接政府与用户的重要中介,企业多以平台形式存在于网络生态中,加快信息等资源流动。因此,考察企业规模、企业影响力、企业经济效益是对网络生态发展运行情况的基本判定,对企业网络

安全的评价则是展现网络内部生态安全性的重要视角。网民是网络生态必不可少的参与要素,其网络使用水平与网络使用素养直接呈现网络生态的规模与基础发展情况。对社会环境进行评价实际指向网络生态外部环境发展水平,基础设施建设情况、网络发展情况与网络生态建设政策支持情况是由下至上对网络生态的社会环境进行渐进式考察,目标是对影响网络生态发展的外部因素作出测量。

(二)互联网领域分类指数建构

分类指数中的主体对应的是具体平台。选取社交媒体生态、网络内容生态作为主要分类子项的原因在于:首先,社交媒体、网络内容是目前网民对于网络的主要应用形式;其次,各大社交媒体平台、网络内容平台也是网络中主要的信息与流量集散地。

分类指数的建构均参考了综合指数分析过程中的维度与视角并以具体平台为评价对象。其主要建构目标是结合各分类领域的特征、内部构成等方面进行了综合分析,进而建立各自的分类指数。

第一,网络游戏生态指数。网络游戏生态指的是依托某一个特定的游戏产品,依托于后台团队的运营,由用户与游戏产品的反复交互所构成的内部循环。

任何一款网络游戏本身都并不是作为一个网络平台而存在的。虽然十分火爆的网络游戏可能存在巨量的用户,但是其本身并没有建立庞大的社会关系网络或者成为特定的网络关系桥接点。因此,在对网络游戏生态的考察中,我们仍需要从产品的角度来对其进行价值衡量。在网络游戏生态的指标设计中,我们将产品列为一级指标,同时也将游戏的内容和相关管理列为一级指标之中。内容是所有网络游戏的主要呈现方式,而管理则是网络游戏有效运转的必要条件。

在网络游戏生态的二级指标设计中,首先,我们从用户、内容和管理三个角度对网络游戏产品这个一级指标进行衡量,从而得到了用户规模、用户黏度、经济规模和稳定性四个二级指标；其次，网络游戏的内容主要由游戏的情节设计、角色形象和相关的游戏任务操作三个部分构成，因此我们也就相应的将网络游戏内容的三个构成要素作为一级指标内容的三个二级指标设立；最后，从网络游戏的日常管理和维护来看，游戏的管理主要分为内部的游戏产品自身的管理和外部的政府监管，因此，我们将管理这个一级指标下设立三个游戏产品内部自身管理的机制建设、组织架构和执行力度三个二级指标和外部政府监管一个二级指标，共四个二级指标。

在网络游戏生态的评价中，我们的评价对象主要设定为移动端的手机游戏。这些手机游戏既包括角色扮演类的，也包括休闲对战类的，还包括棋牌类的。基于此，我们的指标体系如下（见表10-2）：

表10-2　网络游戏生态评价指标体系

一级指标	二级指标	三级指标
用户	用户规模	用户下载数量
		注册用户数量
	用户黏度	日活数
		日均游戏总时长
		日均游戏打开总次数
	经济规模	投资总额
		利润总额
	稳定性	月均系统故障次数
内容	情节设计	是否存在低俗有害情节
		是否存在篡改历史情节
		是否存在侮辱名人情节
	角色形象	是否存在低俗有害装扮
	任务操作	是否存在诱导过度消费倾向

续表

一级指标	二级指标	三级指标
管理	机制建设	是否存在防沉迷保护机制
		是否存在用户年龄辨识机制
		是否存在违规操作处罚条例
	组织架构	管理团队规模
	执行力度	月均违规用户处罚数量
		月均防沉迷用户禁玩总次数
		与政府相关部分政策响应联动次数
	政府监管	被约谈次数
		被勒令关停修整次数

第二,网络视频生态指数。网络视频生态则指的是依托一定的视频网站、视频 APP 以及视频平台,由用户、内容等要素构成的内部循环系统。就目前而言,网络视频主要分为长视频、短视频和直播三种类型。而这三种类型的视频内容也由不同的网络平台和网络运营商去经营,形成了彼此独立又相互联系的视频网站生态、短视频生态和直播生态三种生态类型。以下我们将根据生态类型的不同进行具体的讨论和分析。

一是视频网站生态指数。视频网站是一种基于互联网、移动互联网、光线管带等新媒体技术,以视频播放为主要功能并以此建立价值链的网站类型。视频网站生态作为网络视频生态的重要构成要素,一方面,它对于整体起着局部作用;另一方面,其内部也有属于自身的独特生态逻辑。视频网站生态的主要构成要素可以从平台、内容、用户和管理系统四个要素系统进行考量。在网络视频网站生态中,内容始终占据着生态内部核心的位置,因此,内容被首先纳入考察。在此基础认识之上,围绕内容"做功"的网络视频播放平台以及用户,保证内容、平台与用户间协调运转的管理,与内容一起组成了网络视频生态内部的核心构成要素。在网络视频网站生态的指标设计中,我们也是将平台、内容、用户以及管理设定为一级指标。

在网络视频网站生态的二级指标设计中,首先,我们从平台规模、技术水平和经济效益三个角度平台这个一级指标进行二级指标的设计,分别得出覆盖度、知名度、活跃度、满意度、技术稳定性、流量价值、经济规模和经济收入情况共八个二级指标;其次,内容这个一级指标则可以直接细分为内容的丰富度、原创度和传播力三个二级指标;再次,用户这个一级指标主要侧重于用户的行为,主要分为使用行为和消费行为两个二级指标;最后,管理主要分为平台内部的用户管理和内容管理以及平台外部的政府监管,总计三个二级指标。

　　虽然移动互联网时代已经到来,但视频网站并没有因此衰落,而是以移动端的各种视频 APP 完成自身的移动属性转型。不过,视频网站的经营思路和构成要素并未发生质的改变,仍然是按照传统视频网站时期的方式进行运转。在视频网站生态的评价中,我们的评价对象主要设定为各种视频网站以及其延伸的视频 APP,主要包括爱奇艺、优酷土豆、腾讯视频、乐视视频、搜狐视频、风行网等。基于此,我们的指标体系如下(见表 10-3):

表 10-3　网络视频网站生态评价指标体系

一级指标	二级指标	三级指标
平台	覆盖度	用户下载数量
		注册用户数量
	知名度	平台排名
	活跃度	日活数
		月活数
	满意度	月均用户投诉量
	技术稳定性	月平均故障次数
	流量价值	日均观看总时长
		流量转化率
	经济规模	资产总额
		利润总额
	经济收入情况	广告收入占比
		用户付费收入占比
		增值服务收入占比

续表

一级指标	二级指标	三级指标	
内容	丰富度	月视频上传总量	
		覆盖类型数量	
		版权储备数量	
	原创度	原创视频总量	
		月均原创视频上传总量	
	传播力	日均点击/浏览总量	
		日均点赞/评论总量	
		日均转发/分享总量	
		跨平台数	
用户	使用行为	日均弹幕生产总量	
	消费行为	年用户付费总额	
平台管理	用户管理	隐私信息保护	
		隐私信息保护是否设置用户行为规范条例	是否存在用户隐私保护条例
			是否发生用户隐私数据泄露事件
	内容管理	举报功能是否设置	
		拦截低俗信息数量	
		受理举报内容数量	
		删除负面内容数量	
		版权申报数量	
	政府监管	与政府相关部分政策响应联动次数	
		被约谈次数	
		被勒令关停修整次数	

二是短视频生态指数。短视频是基于智能手机、平板互联网等硬件普及以及移动互联网技术设施的成熟等条件下一种新兴的视频形式。短视频生态则是依托于特定短视频平台和 APP，依靠平台、用户和内容等要素相互联结构成的内部循环系统。

短视频与视频网站最大的区别在于其内容来源并不是专业的内容团队而是 UGC 用户，并且视频生态的指标设计中，我们也是将 UGC 用户这一因素纳入内容指标的考量之中，并在三级指标的设计中体现出来。短视频生态的基本构成要素主要包括平台、内容、用户和管理四个。在短视频生态的指标设计中，我们将平台设定为一级指标，并将用户这一基本要素整合为平台的二级指标即覆盖度和活跃度。因此，短视频生态评价指标体系主要包括平台、内容和管理三个一级指标。

在短视频生态的二级指标设计中，首先，一级指标平台主要包括覆盖度、知名度、活跃度、满意度、流量价值、经济规模和经济收入情况共七个二级指标；其次，一级指标内容主要分为丰富度、原创度、优质性、传播力四个二级指标，由于短视频的内容来源主要是 UGC 用户，内容质量参差不齐，故在内容的二级指标设计中，特别考虑到了内容的优质性问题；再次，一级指标管理主要分为内部的用户管理和内容管理与外部的政府监管，总计共三个二级指标。短视频生态是移动化联网发展的大趋势下新兴的视频生态。在短视频生态的评价中，我们评价的主要对象是各种新兴的短视频平台，主要包括快手、抖音、火山小视频、秒拍等。基于此，我们的指标体系如下：

表 10-4　短视频生态评价指标体系

一级指标	二级指标	三级指标
平台	覆盖度	用户下载数量
		注册用户数量

续表

一级指标	二级指标	三级指标
平台	知名度	平台排名
	活跃度	日活数
		月活数
	满意度	月均用户投诉量
	流量价值	日均观看总时长
		流量转化率
	经济规模	资产总额
	经济收入情况	利润总额
		广告收入占比
		增值服务收入占比
内容	丰富度	月均视频上传总量
		覆盖类型数量
	原创度	原创短视频总量
		月均原创短视频上传总量
	优质性	MCN 入驻总量
		UGC 用户等级比例
	传播力	日均点击/浏览总量
		日均点赞/评论总量
		日均转发/分享总量
		跨平台数

续表

一级指标	二级指标	三级指标	
管理	用户管理	普通用户成功率	
		内容生产用户注册审核成功率	
		隐私信息保护	是否存在用户隐私保护条例
			是否发生用户隐私数据泄露事件
		是否设置用户行为规范条例	
	内容管理	举报功能是否设置	
		受理举报内容数量	
		拦截低俗信息数量	
		删除负面内容数量	
		内容审核团队规模	
		是否设置版权池	
		与政府相关部分政策响应联动次数	
	政府监管	被约谈次数	
		被勒令关停修整次数	

三是网络直播生态指数。网络直播与短视频类似,也是一种新兴的视频形式。网络直播生态也是同视频网站生态、短视频生态一样依托于特定直播平台和 APP,依靠主播的内容生产与用户的观看等行为构成的内部循环系统。

网络直播与短视频相似,主要内容来源于 UGC 用户,同时也包括一些专业的直播公司和团队。在网络直播的指标设计中,我们也是与短视频生态的指标设计类似,将平台、内容和管理设定为三个一级指标。不同的是在一级指标内容下面,直播由于实时性的特征不存在非原创的问题,因此取消了原创度这一二级指标。同时,目前网络直播尚未形成类似于短视频那样的头部平台,所以在一级指标平台下面也暂不考虑知名度这一二级指标。因此,在网络直播生态的二级指标设计中，首先，一级指标平台主要包括覆盖度、活跃度、满意度、流量价值、经济规模和经济收入情况共六个二级指标；其次，一级指标内容主要分为丰富度、优质性、传播力三个二级指标；最后，一级指标管理主要分为内部的用户管理和内容管理与外部的政府监管，总计共三个二级指标。网络直播生态的评价中主要评价对象是移动端的各种网络直播平台，具体包括映客直播、斗鱼直播、YY 直播、花椒直播等。基于此，我们的指标体系如下（见表 10-5）：

表 10-5　网络直播生态指标评价体系

一级指标	二级指标	三级指标
平台	覆盖度	用户下载数量
		注册用户数量
	活跃度	日活数
		月活数
	满意度	月均用户投诉量
	流量价值	日均观看总时长
		流量转化率
	经济规模	资产总额
		利润总额
	经济收入情况	广告收入占比
		虚拟礼物收入占比
		增值服务收入占比

续表

一级指标	二级指标	三级指标	
内容	丰富度	月均直播总时长	
		覆盖类型数量	
	优质性	MCN 入驻总量	
		UGC 用户等级比例	
		低俗黄色暴力内容被曝光次数	
	传播力	日均点击/浏览总量	
		日均虚拟礼物获赠总量	
		日均用户评论总量	
		日均转发/分享总量	
		跨平台数	
管理	用户管理	隐私信息保护	是否存在用户隐私保护条例
			是否发生用户隐私数据泄露事件
		是否设置用户行为规范条例	
		主播注册审核成功率	
	内容管理	举报功能是否设置	
		受理举报内容数量	
		删除负面内容数量	
		关闭账户数量	
		是否存在技术判定负面内容机制	
		与政府相关部分政策响应联动次数	
	政府监管	被约谈次数	
		被勒令关停修整次数	

第三,网络新闻媒体生态指数。Web2.0 技术与移动互联网技术的成熟和发展,传统的基于报纸、广播、电视等渠道的新闻媒体生态逐渐被解构。新的互联网技术带来的新型的新闻生产系统、分发系统以及终端系统等,伴随而

来的是已经形成的网络新闻媒体生态。

网络新闻媒体生态指数基于某个特定的网络新闻客户端、网络媒体平台或自媒体平台形成依托客户端或平台实现内部系统运转的网络新闻媒体生态。从网络新闻媒体生态内部看，新闻客户端或平台有效利用媒介资源，保障内容生产，维护广告客户、新闻用户及其他服务对象的关系，具备良好的盈利能力，由此实现网络新闻媒体生态的有序循环。

对于网络新闻媒体生态来说，新闻生产系统、新闻分发系统、信息终端系统是几个关键的构成要素。它们彼此关联，每一个系统的发展和变化都会影响着其他系统的发展和变化。在网络新闻媒体生态中，新闻生产系统是整个生态得以运转的基础性要素，新闻生产系统借助于 PGC、UGC 等各种新闻内容的生产方式获得内容再借助新闻分发系统传递到信息终端系统中包括手机、电脑、移动平板等在内的不同终端，从而保证用户的新闻信息获取。

网络新闻媒体生态是传统新闻媒体或者网络新闻媒体利用自身的资源优势逐渐实现平台化并最终搭建生态来实现的。在这个过程中，原有新闻媒体的类型特征也会影响着网络新闻媒体生态的类型定位。同时，受传统媒体体制的影响，我国的网络新闻媒体生态是由传统的主流新闻媒体和网络商业新闻媒体分别搭建的。因此，我们可以根据网络新闻媒体生态形成过程中的各种特点将网络新闻媒体生态分为表 10-6 中的几类：

表 10-6　网络新闻媒体生态分类表

生态属性	国有	商业		
依托平台	基于新闻客户端的生态	基于新闻客户端	基于自媒体平台	基于内容分发平台
典型案例	人民日报新闻客户端	新浪新闻	微信公众平台	今日头条

实际上,当前的各种网络新闻媒体生态很难说清楚属于上表中的哪种类型以便对其进行分类。随着互联网新闻资讯产业的竞争不断升级,每种类型的网络新闻媒体生态也开始具备其他生态类型的特征,各个生态间的相互借鉴使得不同生态类型间的界限日益模糊,而各个生态的特征和彼此间的差别也越来越小。

因此,在对网络新闻媒体生态进行指标设计的时候既要考虑到新闻媒体生态的各个构成要素,也要考虑到不同网络新闻媒体生态彼此间的区别。首先,在整个网络中大的网络新闻媒体生态圈之中,内容实际上是不同网络新闻媒体生态相互竞争的核心竞争力,贯穿于新闻生产系统、新闻分发系统与信息终端系统之中;其次,在一个网络新闻媒体生态内部消费内容的用户是生态的主要服务对象,而在网络商业媒体构成的网络新闻媒体生态中,包括传统媒体用户、自媒体用户以及 MCN 用户在内的作为内容生产者的用户是其新闻生产系统的主要支柱;再次,新闻分发系统与信息终端系统共同构成了信息传递的渠道,而渠道则是整个新闻媒体生态的传播枢纽;除此,管理则是整个新闻媒体生态的高效运转的必要保障。由此,我们网络新闻媒体生态的一级指标主要由内容、用户、渠道和管理四个部分构成。

在网络新闻媒体生态的二级指标设计中,内容主要从内容的丰富度、可信度、原创度三个角度来衡量一个网络新闻媒体生态的内容价值;用户则下分为内容消费用户与内容生产用户,内容生产用户在由官媒主导的网络新闻客户端生态中往往很少存在,一般出现于各种网络商业新闻媒体生态之中,主要又分为传统媒体用户、自媒体用户与 MCN 用户三类;渠道则从传播力、互动性、知名度和满意度来衡量其价值;管理主要分为用户管理、内容管理和政府监管三类。

网络新闻媒体生态的主要评价对象既包括以人民日报新闻客户端为代表的网络官方新闻媒体生态,也包括以新浪新闻为代表的网络商业媒体生态;既包括新闻客户端,也包括自媒体平台和新闻内容的分发平台。网络新闻媒生态中有代表性的评价对象有人民日报新闻客户端、澎湃新闻客户端、网易新闻、新浪新闻、腾讯新闻、今日头条、一点资讯等。基于此,我们的指标体系如下(见表10-7):

表 10-7　网络新闻媒体生态评价指标体系

一级指标	二级指标		三级指标
内容	丰富度		月均发文总量
			覆盖类型数量
			内容形式数量
			时效性(月均旧文量)
	可信度		月均假新闻数量
	原创度		月均原创总量
			月均专题数量
用户	内容消费用户		用户总量
			月均用户活跃量
			月均用户使用总时长
	内容生产用户(网络商业媒体特有)	传统媒体用户	媒体入驻总量
			月均媒体活跃度
			月均媒体发文量
			媒体等级比例
		自媒体用户	用户总量
			月均用户活跃度
			月均用户发文量
			用户等级比例
		MCN 用户	MCN 入驻总量
			月均 MCN 活跃度
			月均 MCN 发文量

续表

一级指标	二级指标	三级指标	
渠道	传播力	日均点击/浏览数量	
		日均点赞/评论数量	
		日均转发/分享数量	
		跨平台数	
	互动性	日均专题讨论内容总量	
	知名度	应用排名	
	满意度	月均用户投诉量	
管理	用户管理	用户隐私保护	是否存在用户隐私保护条例
			是否发生用户隐私数据泄露事件
		用户行为规范条例是否设置	
		自媒体账户注册审核成功率	
	内容管理	举报功能是否设置	
		受理举报内容数量	
		删除负面内容数量	
		拦截低俗信息数量	
		关闭账户数量	
		是否设置版权池	
		与政府相关部分政策响应联动次数	
	政府监管	被约谈次数	
		被勒令关停修整次数	

第四,社交媒体生态指数。社交媒体,或社会化媒体,是一种以互动为基础,允许个人或组织生产内容的创造和交换,依附并能够建立、扩大和巩固关系网络的网络社会组织形态,它的思想和技术核心是互动,内容主体为 UGC,关键结构是关系网络,表现为一种组织方式。

社交媒体生态就是依托于特定的社交媒体平台形成的系统化的网络生活

空间。社交媒体生态的本质是基于系统论的思维方式以及生物圈的理念，对社交媒体生态系统的内在机制、外在联系以及各种生态要素的相互关系进行分析，从而揭示社交媒体生态的问题与风险、发展与变化。

任何社交媒体生态都是起步于最初的某个社交媒体产品，而最初社交媒体的自身定位也会影响社交媒体生态向哪种类型发展。社交媒体由于商业目的、产品属性、技术应用、运营策略等不同方面因素的影响，不同的社交媒体平台会选择不同的发展类型。而主要的社交媒体平台的类型就是"社交导向性"与"媒体导向性"两种类型。由此。我们大致可以判断目前社交媒体生态主要是社交类社交媒体生态与内容类社交媒体生态两种类型。

不过，无论何种类型的社交媒体生态，要想具备较强的用户黏性以及长期生命力，必须注重社交媒体的用户、关系、内容、分享四个基本要素的发展。在社交媒体生态的指标设计中，首先，我们将社交媒体中的用户和关系两个基本要素以及其构成的社会关系网络整合为一级指标平台，并从平台的覆盖度、知名度、活跃度、满意度和平台带来的流量价值、平台本身的经济规模和平台的经济收入情况来考察社交媒体生态的平台价值；其次，我们将用户的分享行为放到内容的传播力角度来考察从而设计了第二个一级指标内容，从内容的丰富度、可信度、原创度和传播力四个角度开考察社交媒体生态的内容价值；最后，我们设计的第三个一级指标是管理，管理保证整个生态的高速有效运转，因此我们从内容管理、用户管理和政府监管三个角度对其进行价值考量。

社交媒体生态的评价中主要评价对象是各种移动端的社交 APP，具体包括微信、新浪微博、知乎、豆瓣等。基于此，我们的指标体系如下（见表10-8）：

表 10-8　社交媒体生态评价指标体系

一级指标	二级指标	三级指标
平台	覆盖度	用户下载数量
		注册用户数量
	知名度	平台排名
	活跃度	日活数
		月活数
	满意度	月均用户投诉量
	流量价值	日均使用总时长
		流量转化率
	经济规模	资产总额
		利润总额
	经济收入情况	广告收入占比
		增值服务收入占比
内容	丰富度	月均内容总量
		覆盖类型数量
	可信度	月均假新闻总量
	原创度	原创总量
		月均原创内容上传量
	传播力	日均点击/浏览总量
		日均点赞/评论总量
		日均转发/分享总量
		跨平台数

一级指标	二级指标	三级指标	
管理	内容管理	举报功能是否设置	
		受理举报内容数量	
		拦截低俗信息数量	
		删除负面信息数量	
		关闭账户数量	
		与政府相关部分政策响应联动次数	
	用户管理	注册审核通过率	
		用户隐私保护	是否有用户隐私保护条例
			是否发生用户隐私数据泄露事件
		用户行为规范条例是否设置	
	政府监管	被约谈次数	
		被勒令关停修整次数	

第三节　互联网生态评价指标的操作实施

在建立网络生态评价指标体系之后，需要结合具体情况，因地制宜地将指标体系应用于网络生态评价实践活动中。一方面，已有网络生态评价工作多由第三方机构主导，但如前文所述，网络生态评价指标体系涉及诸多方面，网络生态评价工作需多主体共同参与、有机互动，构建权责清晰、层次分明的主体结构，促进网络生态评价工作科学、有序、高效地开展。另一方面，不同类别的指标体系着眼点和落脚点不同，需从分类依据、平台特性、现存问题等入手分析各类指标体系的评价重心，从而获得更准确、有效的评价结果。为使上述指标体系能更全面、客观地反映网络生态现状及问题，更准确、有效地指导后续网络生态建设，本部分将重点阐述网络生态评价指标体系的操作实施环节。

总体而言,互联网生态评价指标体系的操作实施主要分为以下三个步骤:数据获取——数据处理——结果呈现。

第一,数据获取。针对上述指标体系,数据获取的方法主要有以下三种:一是在网信办协助下对相关部门开展问卷调查以获取数据;二是从国家统计局、中国互联网络信息中心(CNNIC)等机构已有报告中获取数据;三是各平台或机构通过自填问卷上报数据。

具体而言,在网络生态评价全国综合指数中,政府层面的行政架构、电子政务建设水平、网络生态治理情况、政府网络安全以及社会环境层面的网络生态建设政策支持情况等指标的数据,可在网信办协助下对相关部门开展问卷调查获得;企业层面的互联网企业规模、社会影响力、经济效益,技术层面的创新性以及社会环境层面的网络发展情况、基础设施建设情况等指标的数据,可从国家统计局、中国互联网络信息中心(CNNIC)等机构已有报告中获得;企业层面的企业网络安全等指标的数据,可由各平台或机构通过自填问卷上报获得。

值得注意的是,在网络生态评价各地区综合指数中,上述可从已有报告中检索获得的数据,如企业层面的互联网企业规模,技术层面的创新性,社会环境层面的基础设施建设情况等指标的数据,还需结合对相关部门开展的问卷调查配套获得。在以平台为划分标准的分类指数中,相关指标的数据均可由各平台或机构通过自填问卷上报获得。

第二,数据处理。数据处理主要分为两个部分:一是对评价指标进行赋权,以明确各类指标体系的评价重心;二是对所得数据进行标准化处理,以结合指标体系权重计算出最终的网络生态指数。

对评价指标进行赋权可综合运用德尔菲法和层次分析法。德尔菲法(Delphi Method),也称专家调查法,由美国兰德公司开始实行。该方法的核心思想是通过"匿名收集专家意见——专家意见数据分析——分析结果反馈专家——再次收集专家意见——专家意见数据分析"的循环往复过程,形成相对一致的调查结果。

层次分析法(Analytical Hierarchy Process,简称 AHP)是由美国匹兹堡大学教授 A.L.Saaty 提出的一种系统分析方法,其基本观点是构造出一个层次结构模型,将复杂问题分解为若干个元素,将这些元素按其属性分成若干组,形成不同层次。①

总之,对评价指标进行赋权可分为以下步骤:首先,由专家通过填写问卷对网络传播效果评价指标的"相对重要性"进行打分;其次,运用层次分析法统计软件(YAAHP)对各个指标进行赋权从而获得第一轮问卷调查结果;再次,以第一轮结果作为参考值,对专家进行第二轮问卷调查并分析结果;最后,在重复操作若干轮后得到最终结果。

上述层次分析的原理是,通过调查问卷向专家咨询同一层次中各组成元素两两之间的相对重要性,获得两两比较判断矩阵,矩阵的最大特征根对应的特征向量即为同一层次中各个指标的权重,通过这种方法实现定性分析和定量分析相结合。

对所得数据进行标准化处理可委托第三方机构完成,具体方式可参考以下思路,即对多个调查对象在同级指标下的数据和信息进行汇总和比较,并分别取同级指标中的最大值作为基数进行归一标准化处理。处理完成后,结合之前得出的各项指标权重,对标准化得分进行加权计算,得到加权得分。因归一标准化处理和加权处理,故综合得分理论最大值为 1。

第三,结果呈现。网络生态评价的结果呈现需以发挥评价指标体系最大的实际效用为目标,即通过反映网络生态发展现状及问题,为后续网络生态建设提供指导建议。具体而言,结果呈现应实现可视化、扩散化、日常化。

可视化,即通过图表等方式可以直观地获知网络生态评价结果,了解当下网络生态建设情况。如可借鉴热力图的形式,以省为单位,展示全国网络生态

---

① 参见赵焕臣:《层次分析法》,科学出版社 1986 年版,第 15—22 页。

建设的整体情况；可使用玫瑰图的形式，将各地区、各平台的网络生态评价结果的对比情况或同级各指标的权重对比情况直观展示出来。

扩散化，即通过发布权威性的报告、蓝皮书或榜单，召开发布会，经由媒体报道后扩散网络生态评价指标体系的实际效用。可基于上述网络生态评价指标体系，每年定期发布《中国网络生态报告》或《中国网络生态蓝皮书》，通过综合指数或分类指数，分地域或平台地直观展示过去一年的网络生态建设情况，并结合相关案例和具体数据进行深入解读，总结过去一年我国网络生态建设所取得的成果，找到问题与不足，以期为未来完善网络生态建设提供思路与方向。此外，可通过召开发布会的形式，让网络生态评价工作以及网络生态建设现状本身获得更高的曝光度和关注度，为网络生态建设凝聚更多的社会力量。

日常化，即把网络生态指数公布逐渐变成一项日常工作，让社会各界可以实时监测网络生态情况的发展和变化。相关部门可与各网络平台以及第三方数据分析公司合作，在相关部门牵头下，各网络平台实时提供自身的数据信息，交由第三方公司进行数据分析与可视化呈现，实现网络生态建设的实时情况跟踪、日常成果展示、及时危机预警等，调动社会各界参与到网络生态建设工作中来。

第四节　中国互联网生态评价指标体系建设的对策建议

中国互联网生态评价指标体系建设的对策主要有四方面：第一，推动网络生态评价制度化；第二，明确网络生态评价中各主体职责；第三，完善数据采集手段；第四，建立共享数据库。

一、推动网络生态评价制度化

网络生态评价以建设清朗的网络空间、推动落实网络强国战略为目标，建立了一套具备科学性、操作性、系统性、权威性的指标体系,从结构、功能、价值(效益)等角度对网络生态各要素及其互动关系进行客观全面的描述和评估,对政府、企业和网民等参与主体的行为都具有重要的指导意义。对政府而言,网络生态评估可以帮助管理部门形成关于网络生态全局的清晰而系统的认识,合理安排战略布局,平衡各方面的工作内容,有的放矢地提升工作的针对性和有效性。对企业而言,可以了解技术和产业发展的政策背景和整体态势,从协同发展的角度兼顾经济效益与社会效益。对网民而言,则可以获知网络技术和应用发展的最新情况以及政府对网络空间的规范性、指导性的政策法规,既能提升网络使用水平,丰富网络赋能手段,又可以自觉深化网络伦理,加强自律意识。

如果只将网络生态评价视作网络生态治理中一个可有可无的环节,那么就有可能使网络生态评价工作流于表面,既无法把握网络生态的全貌,也无从以网络生态指数为抓手改善网络生态治理策略。推动网络生态评价制度化,就是要在网信部门主导下,以明文制度的形式将网络生态评价确定为长期性、常规性、规范性的工作,确保有章可循、有据可依,明确评价的对象、方法、频率、主体、发布流程、后续反馈等,一以贯之地确保这项工作落到实处。此外,还要秉持整体与局部、系统与部分相协同的原则,统一网络生态综合指数和具体平台分类指数的计算方法,使两者可以相互对照、彼此呼应,用综合指数统领分类指数,从分类指数微观综合指数。

二、明确网络生态评价中各主体职责

互联网生态评价的参与主体主要有两个:一是中央网信办等网信工作职能部门;二是以学术机构为代表的第三方机构。

网信工作职能部门是网络生态评价的主导部门,主要职责有:一是制定、修订和主导实施网络生态评价的制度性文件;二是组织、委托或聘用第三方机构建构和完善网络生态评价指标体系,将自身在实践工作中掌握的信息、积累的经验、亟待分析和解决的问题交付学术机构,再将理论性的指标应用到实践中,并为数据收集、指标计算和评估报告撰写提供物质和信息资源方面的支持;三是重视并运用第三方机构的评价结果,结合当时的社会背景进行整体解读,并根据具体情况选择性地向公众公布全部或部分的评价结果,大力宣扬和奖励树立积极正面价值导向、推动网络生态良性发展的传播活动及传播主体;四是根据评价结果厘清网络生态各因素之间的互动关系,明确症结所在,既要加强科学的顶层设计,发挥支撑作用,又要发动各主体的社会化力量,协力完善网络生态治理体系。

第三方机构的主要职责是接受网信部门的委托,评估网络生态并撰写相关报告。第三方机构主要是一些研究性的学术机构,由网络知识丰富、熟悉网络传播规律、综合素质较强的专家和研究人员组成,具有理论基础与专业优势,能够很好地将网信工作中的实际问题加以体系化、框架化、理论化,并运用一些科学的手段处理数据、分析问题,提出解决建议。学术机构应秉持着科学和公正的原则,发挥研究机构的权威性和专业性,在相关理论和经验研究的基础上建构一套经得起实践检验的评价指标体系,负责对某一时段内的网络生态进行长期跟踪评价,并根据反馈及时调整指标中的不合理和落后之处,使之与网络生态的真实情况保持同步发展。

三、完善数据采集手段

获取真实、准确、精细的数据是有序开展网络生态评价的首要工作,也是评价结果具备科学性、权威性和实用性的根本保障。从实际操作层面来说,本报告建立起的网络生态评价指标体系所涉及的数据采集方式较为丰富多元。在这些指标中,一部分指标可以通过调查或查找统计资料获取,一部分指标则需要企业提供;一部分指标较为直接,一部分指标则需要进行一些复合计算或人工等级编码;一部分指标可以运用传统的数据采集方式获取,一部分指标则需要运用大数据采集方式进行文本挖掘、情感语义分析以及热点聚类分析等。

因此不能将视野局限在传统的数据采集模式中，而要综合多种思路，根据具体情况灵活选择适用的方法。

针对网络信息瞬息万变、难以捕捉的特点，还应在网信部门的主导、信息情报机构的辅助下搭建实时的数据监测平台，建立网络信息评估体系。这类平台要能够利用前沿技术手段收集用于评价的多方数据，将其整合后再分类归置和存档，将庞杂冗余的资源和信息转化为结构化、电子化的记录，全面实时监测网络上各种信息的内容向度和传播效果，辅助第三方机构的科学评估。

四、建立共享数据库

当前利用建构的指标体系对网络生态进行评价的一大难点在于，企业等商业机构出于经济目的，将数据视为商业秘密，采取各种措施限制数据获取，而且由于各方数据不同源、不同结构，存在数据孤岛等问题，因此收集不同渠道和终端的数据并进行整合始终是评价工作面临的阻碍。在建立健全长期化的网络生态评价制度的基础上，可以在网信部门的主导、第三方机构的参与、企业的配合下建立共享数据库。一方面，可以打破信息壁垒，实现资源共享，将数据整合在一起，实时地、动态地获知各平台上的相关信息和主体行为，得出更为科学合理的评估结果；另一方面，可以在网络生态评价综合数据库的统率下分设一些子数据库，比如网络企业社会责任数据库，网络舆论数据库，约谈举报立案数据库等，这有助于将网络生态中存在的各种问题结构化，以数据变量的标准化形式记录下繁杂的数据，用分类、分级的原则剖析盘根错节的现实情况，帮助管理部门认识到问题的核心和本源，为未来网络生态治理制度的更新完善提供切实可信的依据。

附录　国外互联网治理实践与经验

　　整理与分析国外互联网治理经验可以为我国互联网治理提供有益借鉴。本书将对美国、英国、欧盟等典型国家和地区的互联网治理经验进行分析与总结以供我国参考。

一、美国互联网多元治理模式与治理机制分析

（一）治理模式

　　美国既是互联网的发源地与行业引领者，也是互联网治理的先行者。其中一些治理经验对于进一步提高中国互联网治理水平有所帮助。在整理与分析美国互联网治理机制的基础之上，我们发现，美国主要从五个层面对互联网展开治理：其一，宏观层面的战略规划与布局为互联网治理提供基本框架和制度体系；其二，以多元共治机制为主要治理模式，重视互联网各治理主体间进行良性互动，从而实现动态平衡；其三，积极运用法律规制手段为互联网治理划定界限，为网络安全与秩序提供法律保障；其四，重视技术标准与行业自律等自治方式来对互联网进行柔性治理；其五，既重视网络信息公开，又强调网络信息审查，从赋权和限权两端划定网络自由与安全的边界。美国从宏观到微观自上而下地构建了一个相对完善的互联网治理体系。①

---

　　① 参见郑志平：《美国互联网治理机制及启示》，《理论视野》2016 年第 3 期。

第一,美国重视互联网治理的顶层制度设计,制定多个国家战略规划,并配合具体政策予以落实。以颁布时间为线索,美国互联网治理国家战略主要经历了推动"互联网高速公路"建设克林顿政府、以反恐为目的而强化网络信息监控的布什政府、以美国国家安全为重要目标的特朗普政府等阶段。从治理内容上来看,美国网络空间安全战略集中在通信网络链路、关键基础设施、大型数据网络平台等方面,广泛涵盖了硬件设施与软件设施建设。互联网安全始终处于核心地位,只是在战略手段方面有所变化。近年来,受到恐怖主义、新冠疫情等现实因素影响,美国不断强化网络安全战略规划,并陆续制定了相关的法律法规。美国国家安全部还先后提出"万维信息触角计划"和"ADVISE 计划",利用数据挖掘技术收集、整合、分析个人网络数据,以期发现、锁定可疑分子。美国政府不断将网络空间安全战略置于更重要的地位。2009 年组建网络战司令部,以发展先发制人、侵入任何远程系统的攻击能力,争夺网络空间的行动自由。2011 年《网络空间国际战略》强调将使用一切必要手段来捍卫美国及其盟友的利益,此乃美国谋求网络空间主导位的战略宣示。

第二,美国互联网治理体系运行得益于多元主体合作共治模式。互联网治理主体具有多元性的特点,除了政府之外,企业、私人组织甚至网络用户都可以成为互联网治理的主体。这些主体所代表的利益也具有多元化的特点,因而在合作治理过程中,各主体之间也会基于公共利益、行业利益、个人利益而相互博弈,在特定条件下又能达到动态的平衡,从而保障了互联网的有序发展。具体而言,美国多元主体共治机制主要表现有:

首先,各司其职,分而治之。作为信息事务监管的顶层机构,美国在总统办公厅管理预算局管辖范围内,单独设置信息与监管事务办公室。联邦贸易委员会对互联网领域中出现的治理问题制定指导性框架,为其他州政府及其公民划定较为清晰的权力范围与责任边界。互联网企业在一定的范围内能够进行自治,并受到互联网行业协会制定的行业自律规范约束。由于互联网企业高度依赖技术发展,法律有时难以应对新兴的技术变革,联邦贸易委员会通常会就新兴技术变革制定基本的监管框架,既促进创新,又能减少因法律的滞后性而导致无法可依的情形。公民组织和网络用户在特定的网络平台上也具有一定的自由空间。这样各主体之间就达到了动态平衡的效果。

其次,执行者—监督者—仲裁者。各主体之间权限划分明确,但也通过各种约束与制衡手段得以联系在一起,体现为一种"执行者——监督者——仲裁者"的结构。作为法律与政策的执行者,政府通常运用强制命令性手段介入网络治理过程,但这种传统的监管手段运用的范围因更为灵活的监管方式出现而相对缩小;公民与互联网用户也能成为互联网行业的监督者,互联网平台应当为用户预留申诉渠道,为公民自由发表言论、参与讨论提供自由的平台;法院等司法机构作为仲裁者,可以通过审判的方式来审查法律法规是否合宪,既实现了对法律法规的司法审查目标,也保障了用户的合法权益。互联网治理的各方主体基于效率、权利、正义等不同价值目标而行动,通过博弈与妥协实现动态平衡,防止互联网治理进入某一个极端。

最后,协商妥协,合作治理。虽然传统的压制性、命令性的监管手段可以通过国家强制力而迫使各方主体服从政策与法规,减少社会异议,但在监管互联网方面却会出现不足。互联网空间不同于传统的政治社会空间,国家与社会之间需要相互制衡与协商,这样才能保障互联网的共享性、民主性,从而使各方意见得到表达,各方利益都能均衡关照。

(二)美国互联网治理机制的理论发展与路径依赖

美国的"互联网自由"实际是双重标准的[①],一边鼓吹互联网自由,一边监视网络空间。在形式上,美国大肆鼓吹网络空间绝对自由,网络空间处于中立地位,各国对其无主权,在行动上却在监视着全球的网络空间,并将网络空间不断拓展成为美国新的战略空间,划定"网络边疆"版图。与此同时,美国还

---

① 参见高奇琦、林建陈:《中美网络主权观念的认知差异及竞合关系》,《国际论坛》2016 年第 5 期。

利用其网络垄断优势,在同他国的战争中将网络空间拓展为重要的战场,对威胁其国内网络空间安全的对象予以军事打击。美国还追求对全球网络进行控制的"网络主权",其网络霸权的野心和行径对世界其他国家网络主权构成了最严峻的挑战。

第一,美国对全球网络监控体系进行全覆盖。美国已然成为全球网络空间安全的最大威胁,并逐渐发展成为全球数字的独裁者。美国鼓吹的"网络自由",实际上却充当网络空间的世界警察,经常以反恐与维护安全的名义来建构网络空间全方位监控体系。近年来,诸如"主干道""码头""核子"和"棱镜"等庞大的秘密监视项目逐步曝光,"TAO 项目"(Tao-All-In-One project)也被公之于世。这些监控项目都有可能对各国网络空间造成安全威胁,同时也说明国家掌控网络主权的重要性。尽管美国一再强调"棱镜项目"旨在反恐与保障美国公民安全,而且设置了相应的程序来进行约束,但是,近年来美国开始修改《外国情报监视法》,将其监视的范围进行扩大。美国这种无视国际法与各国网络主权的行径引起了世界各国的极力反对。

第二,美国组建网络军队,发动网络战争。网络空间已经被美国视作主要战场之一。为了满足这种战争需求,美国建立了完善的网络作战部队,并大幅扩编网军,在国际上掀起了一场网络军备竞赛。美国的网路空间军备竞赛给世界安全形势带来了更多的复杂变量因素,也迫使各国开始重新构建网络主权制度体系。美国正在全球网络空间进行了"新圈地运动",力图构建一个维护美国网络霸权的国际互联网体系。

第三,美国网络空间战略和网络主权政策极具进攻性。在宏观方面,网络安全与主权为美国国家战略,其他政策与制度为其国家战略提供配套支撑。美国的这种网络战略可以追溯到 20 世纪 80 年代。例如,20 世纪末,克林顿政府颁发"保护美国关键基础设施总统令",这成为美国构建网络空间安全战略的指导性文件。随后,克林顿政府还颁布《美国国家安全战略报告》,强调信息安全在国家安全战略中的重要地位。后面又相继制定《网络空间国家安全战略》,正式将网络安全提升到国家安全的战略高度,并成为世界上最早制定网络空间安全战略的国家。除了战略规划上的转变之外,美国政府部门还从具体政策落实方面进行了完善。例如,美国国防部于 2009 年成立由战略司令部领导的网络战司令部,主司数字战争,抵御攻击美军计算机网络的安全威胁。两年后,美国又相继制定《网络空间国际战略》和《网络空间行动战略》,以提升美国网络空间的威慑作用和攻击能力,并最终触发各国间的网络空间军备竞赛①。由此可见,美国所谓的"先发制人"的网络安全战略,实质上是对美国争夺网络空间霸权与垄断权的一种掩饰。

(三)行业自律

由于美国支持的是所谓"互联网自由"政策,所以其核心的规制方法反而是行业自律,为了规范互联网相关事务,美国行业自律规范程度反而较高。目前已形成了多个行政宏观策略,行业监管机构,具体行业自律措施等等。关于行业自律,美国的机构设置和宏观行政策略基本如下:②

美国为了强化网络安全,将国土安全委员会和国家安全委员会的人员合并成一个国家安全人员团队,任命了专门的网络安全协调员,并拟设立国家网络安全顾问办公室。美国于 2009 年在《网络安全法案》中特别提到,"网络安全的独特性需要新的领导模式",并授予总统更大的网络安全管理权限,以此来提升网络安全监管机构级别。美国国土安全和政府事务委员会主席乔·李伯曼等向参议院提交了《2010 年保护国有资产网络空间法案》(Protecting Cyberspace as a National Asset Act of 2010),提议在白宫总统执行办公室设立网

---

① 2014 年,美军颁布《网络空间作战》联合条令,这填补了美军网络空间作战顶层联合条令的空白,意味着美国完全具备发动网络战争的能力。2015 年,美国白宫网站发布《2015 年国家安全战略》报告,指出要制定网络安全的全球标准,具备阻止网络威胁的国际能力。2016 年,美国国防部长卡特宣布要将网络司令部升格为一级联合作战司令部,与六大战区司令部和三大职能司令部同列。

② 参见童楠楠、郭明军、孙东:《西方国家互联网治理的经验与误区》,《电子政务》2016 年第 3 期。

络政策办公室。该办公室一方面要负责领导和协调联邦网络空间事务,制定国家网络空间战略,囊括军事、法律、情报、外交等所有网络空间政策,另一方面也要监督所有联邦网络空间有关的行为活动,确保其有效和协调。

除统一监管机构外,美国政府以"网络中立"作为互联网服务监管的核心理念。网络信息安全监管,不仅涉及政府部门,还牵涉各企事业组织和社会公众。其中,监管部门与企事业组织、社会公众之间的信息共享是实现监管不可缺少的环节。联邦政府要求对计算机、网络安全研究与发展项目的投资,督促各方主体进行信息共享。与此同时,美国政府对私营部门和民间社会的参与也比较重视,采取了一系列的措施来培养和教育网民互联网治理知识。

整体而言,美国政府,行业,公民个人协作各个角度的行业自律情况如下:①

第一,美国主要通过引导互联网行业和网民来实现治理目标。引导作用相较于强制权力要更加灵活,更加符合互联网发展的规律。严格的管制手段可能会扼杀互联网所天然具有的共享与创新特性。通过积极引导的方式,可以最大限度地释放创新力量。

第二,互联网行业自律与用户自治的方式具有多样性。美国政府在联合民众和相关组织方面发挥作用,由公众与相关组织直接或间接参与制定行业自律规范。行业组织在制定行业自律规范、成立行业协会时享有广泛的自主权。基于此种理念而达成的互联网建设一般准则,企业与用户可以更好地自我约束,促使其共同维持互联网行业秩序。网络个人用户也能养成更强的自我保护意识和安全意识,减少网络不良行为的发生。

（四）治理技术

由于美国支持政府引导和行业自律多元治理,所以对于治理技术也有着相关的规定。

---

① 参见马珂:《中国互联网治理途径研究》,《东北师范大学学报》2010 年第 4 期。

　　第一,对网络内容实施技术过滤。技术治理可以弥补法律适用的不足①,使用技术手段来治理互联网空间更好地契合了互联网特征。网络主体的自律自治与技术过滤措施的结合,既能保障主体的自主性与创新性,也能最大限度地保障规则的可确定性与可预见性。美国正是依赖这一柔性机制使得互联网治理机制得到社会认同。技术过滤措施以"自我控制"为基本原则,在结果发生之前由用户在客户端通过技术筛选网络信息。例如,成年人可以通过终端设置来保障未成年人免受不良信息伤害。技术过滤还需要对信息进行分级分类管理。美国互联网内容评级协会(ICRA)建立的分级系统,经过互联网娱乐软件顾问委员会分级服务改进之后,不直接对不同的网站内容进行价值评价,而是提供相关的描述性词汇来构成面向用户的问卷,由互联网内容上据此来分析网站内容,并进行分级分类。这样的设计最终使得内容选择的权利又回到了网络终端用户的手中。技术过滤措施既保护了未成年人的个人信息,又避免了过多干涉其他人群言论自由。

　　除了过滤措施之外,美国还对网络非法、不良、有害信息进行分级。分级主要通过对于网络信息进行分级整理,使网民在查找所需内容时,根据自身年龄等条件,屏蔽相关非法信息。比较著名的分级系统有 PICS(Platform for Internet Content Selection)技术标准协议。过滤主要是指在确定网络新信息不良程度的基础上,通过相关软件对关键字符、语句的搜索对网络信息进行过滤和筛选。常用的有"网络保姆(Net Nanny)"系统。另外,美国还提供大量人财物培养相关计算机安全人才来进行反病毒、反黑客、反垃圾信息的研发和操作。并且成立专门的网络警察队伍,运用高科技手段来处理网络犯罪活动。②

　　第二,美国的互联网舆论引导技术和政府网上信息可见性优化技术也是

---

　　① 参见郑志平:《美国互联网治理机制及启示》,《理论视野》2016 年第 3 期。
　　② 参见马珂:《中国互联网治理途径研究》,《东北师范大学学报》2010 年第 4 期。

值得关注的。① 随着互联网技术的深入广泛应用和网上信息的爆炸性增长，通过搜索引擎查找信息已经成为网民获取信息的首要渠道。调查显示，超过90%的网民首选用搜索引擎在互联网上查找特定信息。搜索引擎已经成为网络信息和文化传播的重要手段，在各国网络信息传播和文化构建中起到重要作用，日益演变成重要的国际战略资源。可以说，争夺搜索引擎的信息传播主导权已经成为国家掌控互联网信息传播领域的战略制高点。面对互联网舆论话题，政府部门通过在搜索引擎上"发声"，以正面引导互联网舆论走向。随着技术的发展，美国及西方发达国家通过有组织地开展针对搜索引擎的"政府网上信息可见性优化"工作，在争夺互联网信息传播主导权方面取得了显著成效。一是通过开展政府网站可见性优化工作提高对互联网信息传播的控制力。美国联邦政府早在2005年就注意到搜索引擎对互联网信息传播的影响。美国政府通过充分发挥政府网站原创信息量大、网站群集团作战能力强的优势，运用先进的可见性优化技术手段，并配以相应的舆论宣传内容，大幅度提高政府网站在搜索引擎上被公众查找到的及时性、准确性，极大提高了政府网站的互联网影响力，树立了互联网时代政府尊重市场、取信于民、贴近公众的新形象。受美国影响，很多国家也已经普遍开展政府网站可见性优化。二是可见性优化工作的实际效果十分明显。通过持续不断开展政府网站可见性优化，欧美国家政府网站的互联网影响力明显提高。比如，在突发事件的互联网舆论引导方面，以美国2012年8月23日大规模暴发的西尼罗病毒事件为例，在事件发生后，美国疾控中心和食品药品监督管理局网站上发布的信息第一时间出现在谷歌搜索结果第一页的醒目位置上，为澄清事件真相、引导社会舆论发挥了重要作用。总之，通过加强组织领导，开展以可见性优化为核心的专项工作，发达国家政府充分利用政府网上信息资源的舆论引导作用，在公

---

① 参见童楠楠、郭明军、孙东：《西方国家互联网治理的经验与误区》，《电子政务》2016年第3期。

众中的信誉不断提高,社会影响力不断增强,在互联网舆论争夺战中取得了"先发制人"的优势。

二、英国互联网监管模式分析

英国的互联网监管不同于美国,其对于基础资源的主张并不多,多混杂于欧盟的主张中。英国互联网监管的重点领域包括个人数据保护、数字产业发展、数据资源利用等,其监管模式仍然是以行业自律为主导,但也具有自身的特色。英国在制定正式的网络内容监管框架之前,会对行业自律规范进行审核,并委托相关专业组织对自律规范提供建议,后经由法律将其作为直接和主要的监管准则。在机构设置上,英国的行政监管机构和行业自律机构的合作程度更加深入。以下将就英国互联网内容监管模式相关问题展开梳理,主要包含治理机构、治理机制、治理技术等方面。

(一)治理机构

英国网络监管重点在于网络内容,因此网络治理机构的承担的职能也更接近监管部门的工作任务。具体而言,英国的互联网治理机构主要包括网络观察基金会、英国通讯办公室等。

1. 网络观察基金会(IWF)。在网络监管方面,英国除了采取必要的立法保障之外,还十分重互联网企业行业自律,政府指导通常被作为辅助手段。也正是由于此种官民合作模式的确立,英国网络监管职责通常是由网络观察基金会这一半官方组织来负责。[①] 该机构最初是出英国网络服务提供商自发成立,得到了英国贸易和工业部、内政部和英国城市警察署的支持,并在其管理权限内开展日常的网络监管工作。

网络观察基金会(IWF)成立时处网络普及之初,旨在预防网络色情内容的蔓延。当时网络色情等新问题已经开始出现,因此英国政府指定贸易和工

---

① 参见罗静:《国外互联网监管方式的比较》,《世界经济与政治论坛》2008 年第 16 期。

业部、内政部、伦敦警察局等政府机构与网络服务提供商共同探讨监管网络信息的方法，最终制定并签署了《R3 网络安全协议》，同时成立网络观察基金会予以落实。R3 是指 3 个以字母 R 开头的英文单词——分级、报告和责任（Rating、Reporting、Responsibility），也明确指出了网络观察基金会的主要工作内容。第一，所有网络内容提供商负有对其提供的所有网络信息进行评估检查的责任，并必须依据相关法规对所有不适合青少年的网络信息特别是色情信息进行分级标注。第二，网络用户在发现有害网络信息时，可以登录该基金会网站申报以及投诉，基金会将着手开展调查评估，在认定有关信息确实是非法内容后，将会及时通报服务提供商知晓并要求其将有关信息删除。如果问题严重，基金会将根据实际情况向司法机构报告，请其调查处理。第三，针对服务器架设在英国之外的非法网站，基金会将与这些网站服务器所在国的相关机构联系，通报情况并请其进行处理，同时还将所有非法网站加入"黑名单"。基金会要求英国网络服务提供商采取有效技术手段屏蔽"黑名单"上的网站，阻断网络访问途径，禁止英国境内网络用户访问。①

2. 英国通讯办公室。英国通讯办公室（Office of Communication，简称 Ofcom）的工作受英国数字、文化、媒体与运动部管辖，但其并非后者的下级机构，而是通过公私合作的方式来运行。政府部门在一般情形下均无权干涉其职权履行行为。英国通讯办公室的主要职责在于对广播电视与电信行业进行监管：一是为英国局域网的高速数据服务；二是确保高质量多样化的电视和广播节目，使公众的多元兴趣得到满足；三是为保障节目多元化特点而同时允许多元的电视和广播提供者存在；四是保障公民使用媒体时免受有害或有攻击性的信息伤害；五是保护人们在电视和广播节目中免受不公平待遇和对隐私的骚扰；六是保证无线电频谱无论在出租车公司、轮船还是移动通信公司都得到最有效的应用。其中，内容审核部门处于核心地位，其负责审核哪些内容涉

① 参见李晓飞：《试析英国的网络安全治理》，《外交学院学报》2014 年第 6 期。

及伤害、冒犯性、正确性、公正和隐私等。通过这种职责的履行，网络传播的广播电视节目内容也可以同时得到规范和治理。

3. 英国儿童网络安全委员会（UKCCIS）。英国儿童网络安全委员会（UK Council for Child Internet Safe，UKCCIS）受到英国政府的积极推动，集合多个领域的成员加入。其主要成员包括政府部门、行业组织、执法机构、学术组织以及慈善组织，旨在以合作的方式来保护未成年人安全上网。

UKCCIS 发布的《未成年人互联网安全建议：提供商通用指南》既可以为未成年人及其父母提供上网指南，也能为网络服务提供商提供合规指南。该指南集合了政府和管制机构、行业协会及学术组织等多方主体，他们共同参与制定指南的具体内容，并分别就未成年人上网过程中可能面临的各种难题提供规制建议。例如，保障未成年人隐私、监控其与陌生人通信、防止性相关图片与文字内容、网络欺凌以及网络诈骗等对未成年人造成不当侵害。他们还专门针对网络聊天、信息共享、网络游戏、网络购物等专门的业务类型，给未成年人及其父母提供缓释风险的建议。这些功能的实现须借助 UKCCIS 与网络服务提供商之间共同开发的社交网络、搜索、聊天服务指南。因而，UKCCIS 既具有保护未成年人的作用，也具有规制网络内容服务提供商的功能。

4. 网络安全机构。英国的网络安全机构主要包括网络安全行动中心、网络安全办公室、英国政府通信总部等。网络安全行动中心主要负责为英国内政部等直接处理国家安全威胁相关事务的政府各部门、企业以及普通民众提供网络安全相关服务，包括网络安全政策指导、网络安全专业技术支持、网络安全事件通报等。[①] 网络安全办公室主要负责制定英网络信息安全战略，主管英国政府网络信息安全相关事务，借助跨政府网络安全方案以推动各项网络安全领域战略决策的实施。网络安全办公室的职责并不是替代或重复现有各项工作，而是在必要的方面予以扩大或者改进，从而满足英政府网络安

---

① 参见李晓飞：《试析英国的网络安全治理》，《外交学院学报》2014 年第 6 期。

全战略中设定的总的战略目标。英国政府通信总部是英国开展秘密通信监听活动的指挥中心,主要从事通信监控、网络信息搜集和检查、电子侦察等工作。该机构总部位在伦敦西面的切尔滕纳姆镇,所以又被称为"切尔滕纳姆中心"。

（二）网络治理机构的治理机制

1. 政府部门间实现网络安全信息共享合作。在英国,政府是最大的网络内容持有者。英国早在 2013 年 3 月就启动了政府部门间的网络安全信息共享合作机制。该机制旨在构建一套信息共享合作方式,共同应对网络安全威胁。参与信息共享合作机制的部门包括英国通信总部（GCHQ）、军情五处（MI5）、警方以及银行、通信、国防、能源以及交通等涉及国计民生的关键领域企业。通过机制平台,所有参与部门可以及时接收到诸如网络攻击的实时提醒信息、网络攻击的技术细节信息、策划网络攻击的手段、应对网络攻击的措施等信息。根据机制要求,军情五处和政府通信总部将在伦敦某处秘密地点成立名为"信息融合小组"（Fusion Cell）的运营中心。

2. 成立网络安全研究机构。2012 年 10 月,英国宣布成立网络安全方面的学术研究机构,主要目标是提高英国民众对日益增长的网络安全威胁的科学认知。该机构由英国政府通信总部、英国研究理事会全球不确定项目和英国商业、创新与技能部共同组建,投入资金约 380 万英镑,其工作人员都是来自英国网络安全领域内的社会科学专家、数学专家以及计算机专家等专业人才。这是英国政府提升英网络安全领域学术能力的重要举措之一。该研究机构将是英国有能力更好地实施网络安全防护措施,使企业界、普通民众和政府部门受益。

3. 设立全球网络安全中心。英国外交大臣黑格于 2013 年 4 月宣布英国将设立全球网络安全中心。该中心位于剑桥大学,其主要任务是与各国开展合作,研究应付网络威胁的措施,并协助各国政府制定网络相关政策。英政府将为该中心提供约 100 万英镑的资金用于开展相关工作。黑格指出该全球网络安全中心的成立不仅有助于保护英国的网络安全,还将"成为专业的灯塔",指导各国提升网络安全水平。剑桥大学表示该中心将努力确保各国获得网络安全方面的必要技术和专业人才,并将在一些关键网络安全问题上给予指导,使得各国具备网络安全领域相关知识或技能以解决各自面临的网络威胁。

4. 设立"网络人才储备库"。2012 年 12 月,英国国防部表示将设立"网络人才储备库",以提高英军网络安全防御能力,协助英军抵御与日俱增的网络安全威胁。英国政府还将研究新的方式吸引网络安全专才为核心领域部门提供网络安全服务。网络安全部门需要聘用更多网络安全专才来抵御与日俱增的网络安全威胁,这些专家将在全面提升英网络安全保障能力的过程中扮演极为重要的角色。英国政府还在筹建计算机安全应急响应组(Computer Emergency Response Team,即 CERT),该组织将进一步提升英国应对网络安全事件的能力,并负责与世界各国共享英国网络安全技术信息。除组建计算机应急响应小组外,英国还将推出的网络事件响应计划,该计划目前还处在试验阶段,全面投入运作后将大幅提升英网络安全保障能力,确保当政府部门或企业遭遇网络威胁时,网络安全专业部门能提供高质量的专业服务。

(三)治理技术

英国的网络监管经历了政府控制到行业自律的转变过程,在行业自律方面已经积累了一定的监管经验。

第一,在监管依据方面,英国网络内容监管机构可依据成文法、行业规范、判例等对网络非法内容进行删除。虽然英国是判例法国家,但其仍然制定了互联网监管方面的成文法,并在网络内容规制领域发挥着重要的作用。这些成文法中都会涉及对网络内容的监管,即使比较分散,也仍然具有法律效力。在判例法方面,英国网络内容监管机构也可依据法院作出的判决先例对网络内容提供商进行规制。除此以外,互联网行业在实践中也总结出一些非法内容删除行为规范,也可作为删除的依据。

第二，重视对网络内容评估人员与举报人员的法律保护。例如，网络观察基金会专门从事管理、评估色情内容的人员根据《2003年性犯罪法：第46条：谅解备忘录》得到了政府的认可，并为其提供法律保障。与此同时，举报人员也同样受到法律的保护，这样就可以保障形成良好的举报、回复与矫正的过程。

第三，英国网络内容自律机构具有自主内容审查的空间。它们可以自行设立内容分类和过滤系统，制定内容过滤的具体标准。例如，网络观察基金会对涉及儿童情色方面的非法信息内容进行分级和过滤。这种分级过滤措施首先利用内容分类技术对相关内容标注，然后再根据内容对未成年人的危害程度不同而采取删除、屏蔽等措施。作为网络内容规制的主要机构，英国网络观察基金会还推行"网络内容选择平台"（PICS），并制定"PICS网络监管科技标准"平台的内容分类标准包括"侮辱、裸露、情色、暴力"等，将该分类标准编辑成为电子便签的方式，作为分类标识插入到网页中。这样用户访问此类信息时就能及时获得提示信息，并为其屏蔽非法信息提供有效窗口。

第四，英国网络内容监管机构采用网络监听手段。作为一项重要的技术手段，监听被英国网络内容监管机构广泛采用，尽管其遭到了隐私保护支持者的强烈反对。① 例如，2008年，英国内政部就提出了一项"监听现代化计划"，旨在监听并保留访问英国互联网上的通信数据，包括但不限于电子邮件和网页浏览时间、地址等内容。在此之前，英国政府就对网络监听持肯定态度。

三、欧盟互联网监管、治理实践与政策

欧盟是欧洲最大的经济共同体和政治共同体，也是欧洲地区大型区域性

---

① 参见李丹林、范丹丹：《论英国网络安全保护和内容规制》，《名家论坛》2014年第3期。

合作组织,欧盟在互联网监管领域一直走在世界前沿,其对互联网的政策、战略以及治理实践也为其他国家提供了有益的参照。

(一)治理理念与机制

第一,欧盟认同"多利益攸关方"的治理理念,并运用到治理实践中。《欧盟网络安全战略》中提出欧盟制定网络安全政策的指导原则,强调了利益相关者在网络治理中的重要地位,并支持这种治理模式。一方面,网络虚拟世界并非由单一行为体所掌控,多方参与者在网络资源、协议和日常管理中的地位不可忽视,他们在一定程度上影响着未来网络的发展。而且政府有必要认识到自身在网络安全治理方面的能力是有限的,网络安全问题的产生、调查、解决和评估的过程十分复杂,国家政府并不能独自承担全部任务。另一方面,私营部门掌握着大量的网络设备和数据,民间网络安全技术创新对于国家网络技术的发展也有推进作用。[①]

第二,欧盟一体化下的多层次治理。在治理过程中政府的角色和作用,决定了网络安全治理的模式。欧盟不是传统的单一制的行为体,不能采取单一主权国家治理模式,也不倾向于"去权威化"的治理理念,而是将国家政府的治理权上交和下放,分散到欧盟和国内的相关机构中,形成一个多层次的治理框架,而且网络安全威胁也是跨国形式存在,单个国家并不能独立高效地完成治理,需要在欧盟的统筹领导下合理分工,实施不同领域的治理方案。欧盟的多层治理最初提出是为一体化进程中提供一个取代"国家为中心的治理"的新方案。[②]

(二)治理机构

欧盟有关互联网治理与监管所设立的治理机构,可以从三个主要层面来进行分类:一是宏观层面的整体战略策略制定机构。[③] 宏观机构中还专门设

[①] 参见宋文龙:《欧盟网络安全治理研究》,《外交学院学报》2017 年第 1 期。

[②] 参见宋文龙:《欧盟网络安全治理研究》,《外交学院学报》2017 年第 1 期。

[③] 主要包括欧盟委员会(EC)、欧盟理事会、欧洲议会和对外行动署。

置有负责网络安全治理的部门①。二是中观层面的多个具有不同职能的网络安全管理局,如欧洲网络与信息安全局(ENISA)负责欧盟互联网的调研和知识普及,欧洲警察组织(Europol)负责监控和打击网络犯罪,欧洲网络犯罪中心(EC3)偏向政策调研和黑客攻击的应对,欧盟计算机应急响应小组(EU-CERT)则实时监控网络动态并作出应急对策,欧洲数据保护专员负责数据完整性和可用性的维护,欧洲防务局和欧盟军事参谋部专门对网络攻击和网络情报负责,并管辖"欧盟网络部队"。三是微观层面的个成员国国内机构部门。例如,欧盟各个成员国的电信部门、司法部门、情报部门相互分工协调,执行欧盟和本国的网络安全治理政策,与本国的私营部门进行协调合作。同时,各国均设立了网络安全专门机,如国家网络应急响应小组、数据局和网络安全机构负责监控网络安全动态以便调整策略。②

(三)政策法规

20世纪90年代至今,欧盟有关互联网治理与监管的立法与政策的名称及颁布年份见附表。

附表　欧盟互联网治理与监管政策法规

年份	政策法规名称
1992	《信息安全框架决议》
1994	《欧洲信息高速公路计划》
1995	《关于合法拦截电子通讯的决议》《数据保护指令》
1998	《关于制定技术标准和规章领域内信息供应程序的指令》

---

① 欧盟委员会中的通信网络、内容和技术总司(CNECT)、部长理事会中的交通、电信和能源理事会(TTE)、欧洲议会中的工业、研究和能源委员会等专门负责电信和网络领域的形势研判和政策制定。

② 参见刘金瑞:《欧盟网络安全立法最新进展及其意义》,《汕头大学学报(人文社会科学版)》2017年第1期。

续表

年份	政策法规名称
1999	《关于打击计算机犯罪协议的共同宣言》 《关于采取通过打击全球网络非法内容和有害内容以推广更安全地使用互联网的多年度共同体行动计划的决定》 《欧洲电子签名指令》
2000	《电子商务指令》
2001	《网络犯罪公约》 《关于向在第三国的处理者传输个人数据的标准合同条款的委员会决定》
2002	《关于网络和信息安全领域通用方法和特别行动的决议》 《关于电子通信网络及其相关设施接入和互联的指令》 《关于电子通信网络和服务授权的指令》 《关于电子通信网络和服务的公共监管框架指令》 《关于电子通信网络和服务的普遍服务和用户权利指令》 《关于电子通信行业个人数据处理与个人隐私保护的指令》 《远程金融服务指令》 《关于对信息系统攻击的委员会框架协议》
2003	《修订关于采纳通过打击全球网络非法内容和有害内容以推广更安全地使用互联网的多年度共同体行动计划的决定》 《关于建立欧洲网络信息安全文化的决议》 《关于执行电子欧洲 2005 行动计划的理事会决议》 《关于为监管电子欧洲 2005 行动计划,传播实践范例和改善网络和信息安全而采纳多年度计划的决定》
2004	《关于建立欧洲网络信息安全局条例》 《关于协调公共建设工程合同、公共供应合同和公共服务合同授予程序的指令(政府采购指令)》 《关于知识产权执法的指令》
2005	《关于打击信息系统犯罪的欧盟委员会框架决议》 《关于制定促进更安全使用互联网和新型在线技术的共同体多年度计划的决定》
2006	《关于存留因提供公用电子通信服务或者公共通信网络而产生或处理的数据的指令(数据存留指令)》 《关于欧盟理事会确认、标明欧洲关键基础设施,并评估改善保护的必要性的指令的建议》 《信息数据监管指引规则》
2007	《关于建立作为安全和自由防卫总战略一部分的"对恐怖主义和其他相关安全风险的防范、预备和后果管理"的特殊计划的决定》 《关于同意在共同体内通过协调方式对使用超宽带技术的设备使用射频频谱的决定》 《关于建立欧洲信息社会安全战略的决议》
2009	《关键信息基础设施保护指令》《欧洲用户本地终端存储数据的指令》

年份	政策法规名称
2010	《数字欧洲计划》 《欧盟内部安全战略》
2011	《保护电子标签个人信息安全协议》 《欧洲理事会保护儿童免受性剥削和性虐待公约》
2012	《欧盟数据保护框架条例》
2013	《欧盟网络空间安全战略》 《确保欧盟高水平的网络与信息安全相关措施的指令》 《欧盟关于针对信息系统攻击的指令》
2015	《数字单一市场战略》 《通用数据保护条例》《欧盟网络中立法令》
2016	《网络与信息系统安全指令》
2017	《网络内容服务欧盟内部移植条例》①
2018	《欧洲电子通信法指南》②
2019	《关于数字内容和数字服务供应合同某些方面的指令》③
2020	《数字市场法案》
2021	《数据治理法案》
2022	《数据法案》

四、中外不同国家与地区互联网治理模式比较与借鉴

整理世界主要国家互联网治理经验并提炼总结出不同的治理模式，并不是为了简单盲目地学习于己不同的互联网治理经验，而是对形成互联网治理的整体观治理思路大有裨益。

（一）国外互联网治理政策的共同点

根据对以上国家与区域的互联网治理实践、政策的研究，本书认为当今中

---

① Regulation（EU）2017/1128—portability of online content services throughout the EU

② Directive（EU）2018/1972 establishing the European Electronic Communications Code

③ Directive（EU）2019/770 on certain aspects concerning contracts for the supply of digital content and digital services

外各国互联网政策有以下共同点：

第一，在治理理念上，强调国家介入互联网治理的重要性和必要性。互联网虽然是一个虚拟的领域，但其架构和基础设施都建立在现实世界的国土之上。互联网兴起之始所倡导和呼吁的网络自由逐渐走向了网络主体滥用自由的局面，从而导致了网络失序。由此，各国意识到了对于网络空间治理的重要性和必要性。

我国始终重视对于互联网的规范和监管。习近平总书记指出：没有网络安全就没有国家安全。网络信息是建设网络强国的必争之地，网络强国宏伟目标的实现离不开坚实有效的制度保障。2016年《网络安全法》的出台，意味着建设网络强国的制度保障迈出坚实的一步。国家出台《网络安全法》，将已有的网络安全实践上升为法律制度，通过立法织牢网络安全网，为网络强国战略提供制度保障。

第二，在治理技术上，对技术秉持"中立"态度，并同时加强以技术手段对于互联网的监督。如何处理好日新月异的网络技术和社会生活、法律、经济等方面的关系，始终是各国重点关注的问题。从这个角度而言，各国都在重视技术给公民生活带来便利和幸福感的同时，也警惕技术可能带来的危害和侵权。另外，各国也在大力发展核心网络技术，以通过技术来加强对于互联网的监管。

第三，在治理途径上，更加重视政府和民间机构、行业协会的共同治理。与"管理"不同，"治理"这一语词本身指代的就是非单一中心的调整模式。互联网因其特性多元化的特性，本身就更加适合"治理"而非单纯的"管理"。也正是因此，在互联网治理领域，各国都积极采用行业自律和民间治理的方式。

（二）治理政策的差异

考虑到各国的实际国情，中外各国的互联网治理政策也存在以下不同之处：

第一，治理规则的制定方式有所差别。在治理规则的确立上，大多数国家倾向于通过互联网领域的专门立法来规范网络空间,如日本早在1984年就制定了管理互联网的《电讯事业法》,进入21世纪之后又相继制定了《规范互联网服务商责任法》和《打击利用交友网引诱未成年人法》《青少年安全上网环境整备法》和《规范电子邮件法》等;韩国2000年《信息通信网络促进法》、2007年《促进使用信息通信网络及信息保护关联法》;但是,也有一些国家采用了另一种规则制定方式。如新加坡,就将大部分条文互联网监管的条文植入其他的法律法规中,包括宏观层面的《刑法》《内部安全法》《煽动法》以及具体操作层面的《广播法》《网络行为法》《不良出版物法》《滥用计算机法》《垃圾邮件控制法》等。与制定单一的法律法规来监管互联网相比,这一立法模式的优点是可以在涵盖与互联网有关的绝大多数行为的前提下实现对互联网多层次、全方位的监管。

我国互联网领域的治理规则制定更重视政府的引领和核心作用,重视顶层设计和政策先行。一方面,这样有利于我国互联网领域法律体系的整体框架形成,中央和地方立法活动同步进行,形成多层次的法律体系,既有中央层面立法,也有与互联网相关的地方性法规、地方政府规章等地方性立法,大致确定主要立法方向和领域,加快推进重点立法项目。我国《网络安全法》的发布集中体现了习近平互联网治理新理念新思想。在立法调整对象上,该法聚焦我国网络安全面临的两大挑战,分别规范网络运行安全与网络信息安全,指向性和针对性都非常强;在立法基本原则上,该法既立足于维护网络空间主权和国家安全以及社会公共利益,又坚持网络安全和信息化发展并重,保护公民、法人和其他组织的合法权益,促进经济社会信息化健康发展;在基本制度设计上,该法借鉴国际有益经验,确立关键信息基础设施保护制度,努力打造网络与信息安全制度升级版。《网络安全法》的这些制度创新,堪称近年来互联网立法的典范,必将对我国互联网法治建设产生意义深远的影响。

第二,价值取向不同。对于互联网治理这一问题,各国具有不同的价值取向。在2016年世界互联网大会发布的《乌镇报告》中,我国强调,"尊重各国平等参与全球网络空间治理的权利,应在尊重主权和不干涉他国内政原则基础上加强合作,构建和平、安全、开放、合作的网络空间治理新秩序。"

第三,治理中心不同。我国互联网管理的基本模式是政府主导型管理。目前,我国已经形成一套相对完善的互联网管理系统,以立法管理、行政监督、技术控制、行业自律等手段进行网络控制与导向。

第四,关注的重点问题不同。根据各国经济文化社会发展的情况不同,各国对于互联网治理所关注的重点领域也有所差异。互联网新兴国家大多关心外部对于国内互联网的影响,因此密切关注网络犯罪、网络安全、网络主权等问题,同时非常重视互联网舆论场的影响和引导。

(三)可供借鉴的治理经验

国外互联网的治理经验具有一定的借鉴意义,但是"互联网生态治理"一词确实我国独创。"互联网生态治理"强调的不仅是互联网网络技术方面的治理,还关注构成互联网独特生态环境下的各个因子之间的制约与平衡。互联网虽是无形,但运用互联网的人们都是有形的。互联网不是法外之地,也应该平衡自由与秩序。正如习近平总书记所指出的,互联网是人类的共同家园,国际网络空间治理,应该坚持多边参与,由大家商量着办,不搞单边主义,不搞一方主导或由几方凑在一起说了算。各国应该加强沟通交流,完善网络空间对话协商机制,研究制定全球互联网治理规则,使全球互联网治理体系更加公正合理,更加平衡地反映大多数国家意愿和利益。各国根据国家利益和意识形态选择各种的治理模式,我国在互联网治理的途径选择上应该全面考察其他各国的相关情况,取长补短,从本国的基本国情出发,全面布局我国互联网治理体系。

参考文献

一、中文文献

(一)期刊

1. 唐一之、李伦:《"网络生态危机"与网络生态伦理初探》,《湖南师范大学社会科学学报》2000 年第 6 期。

2. 徐国虎、许芳:《网络生态平衡理论探讨》,《情报理论与实践》2006 年第 2 期。

3. 马颖:《移动互联网需和谐健康的媒介生态》,《青年记者》2010 年第 17 期。

4. 史达:《互联网政治生态系统构成及其互动机制研究》,《政治学研究》2010 年第 3 期。

5. 李蓉:《传播学视野中的网络生态研究》,《西南交通大学学报(社会科学版)》2010 年第 4 期。

6. 冯娟:《互联网生态的一场博弈——"微博实名制"与密码危机》,《东南传播》2012 年第 3 期。

7. 汤雪梅:《互联网生态下数字出版发展新方向》,《编辑之友》2014 年第 2 期。

8. 史达:《互联网政治生态及危机治理》,《电子政务》2011 年第 10 期。

9. 张树庭、李未柠、孔清溪:《中国开始进入互联网"新常态"——2014 中国互联网舆论生态环境研究报告》,《现代传播(中国传媒大学学报)》2015 年第 3 期。

10. 官建文、唐胜宏、王培志:《正在形成的移动互联网生态系统》,《新闻战线》2015 年第 15 期。

11. 黄鸣奋:《网络生态 40 年:立克里德的预言及互联网之趋"老"》,《徐州工程学院学报(社会科学版)》2008 年第 6 期。

12. 朱景锋:《互联网政治生态系统构成及其互动机制》,《通讯世界》2015 年第 19 期。

13. 张庆锋:《网络生态论》,《情报资料工作》2000 年第 4 期。

14. 谢金林:《网络舆论生态系统内在机理及其治理研究——以网络政治舆论为分析视角》,《上海行政学院学报》2013 年第 4 期。

15. 徐世甫:《网络舆论生态治理研究》,《南京社会科学》2015 年第 11 期。

16. 于颖、刘波、刘成新:《网络文化生态研究现状与系统构建策略初探》,《中国电化教育》2010 年第 3 期。

17. 周庆山、骆杨:《网络媒介生态的跨文化冲突与伦理规范》,《现代传播(中国传媒大学学报)》2010 年第 3 期。

18. 韩刚、覃正:《信息生态链:一个理论框架》,《情报理论与实践》2007 年第 1 期。

19. 袁文秀、余恒鑫:《关于网络信息生态的若干思考》,《情报科学》2005 年第 1 期。

20. 邵培仁:《论媒介生态系统的构成、规划与管理》,《浙江师范大学学报(社会科学版)》2008 年第 2 期。

21. 刘远军:《我国"媒介生态研究"述评》,《长江大学学报(社会科学版)》2007 年第 3 期。

22. 李晓云:《媒介生态与技术垄断——尼尔·波兹曼的技术垄断批判》,《四川大学学报(哲学社会科学版)》2007年第1期。

23. 陈浩文:《"媒介生态"和"媒介环境"——对媒介生态学的一些思考》,《青年记者》2007年第5期。

24. 谭立鹏、刘峰:《新时期网络舆论生态构建的探索》,《新闻世界》2009年第11期。

25. 赵敏:《论网络舆论生态系统的现状与善治》,《大理学院学报》2014年第9期。

26. 沈湘进、周园:《新媒体语境下舆论生态的流变及媒介话语权力的转移》,《科技创新导报》2014年第21期。

27. 戴元初:《融媒体时代的主流价值自觉——2015年网络舆论生态关键词》,《青年记者》2015年第1期。

28. 胡国强、申屠清儿:《网络民意影响政治生态》,《人大研究》2008年第2期。

29. 王志勇:《论转型期我国政治生态的变迁及其影响——兼谈转型期国家政治整合模式改革的必要性》,《社会主义研究》2008年第6期。

30. 徐建:《国内外文化生态理论研究综述》,《山东省青年管理干部学院学报》2010年第5期。

31. 解学芳、臧志彭:《信息时代的网络文化生态安全危机与化解》,《情报科学》2008年第5期。

32. 李美娣:《信息生态系统的剖析》,《情报杂志》1998年第4期。

33. 娄策群、周承聪:《信息生态链中的信息流转》,《情报理论与实践》2007年第6期。

34. 娄策群、周承聪:《信息生态链:概念、本质和类型》,《图书情报工作》2007年第9期。

35. 韩刚、覃正:《信息生态链:一个理论框架》,《情报理论与实践》2007

年第 1 期。

36. 娄策群、杨瑶、桂晓敏:《网络信息生态链运行机制研究:信息流转机制》,《情报科学》2013 年第 6 期。

37. 娄策群、桂晓苗、杨光:《网络信息生态链运行机制研究:协同竞争机制》,《情报科学》2013 年第 8 期。

38. 李北伟、董微微:《基于演化博弈理论的网络信息生态链演化机理研究》,《情报理论与实践》2013 年第 3 期。

39. 段尧清、余琪、余秋文:《网络信息生态链的表现形式、结构模型及其功能》,《情报科学》2013 年第 5 期。

40. 娄策群、张苗苗、庞靓:《网络信息生态链运行机制研究:共生互利机制》,《情报科学》2013 年第 10 期。

41. 张军:《网络信息生态失衡的层次特征透析》,《图书馆学研究》2008 年第 7 期。

42. 廖凌飞:《网络信息生态论》,《现代情报》2004 年第 11 期。

43. 宣云干、朱庆华:《基于复杂适应系统理论的网络信息生态分析》,《情报科学》2009 年第 6 期。

44. 谢新洲、安静:《微信的传播特征及其社会影响》,《中国传媒科技》2013 年第 11 期。

45. 王政:《微信用户使用习惯刍议》,《新闻世界》2014 年第 5 期。

46. 白丽敬:《从传播学视角解读微信的发展》,《新闻世界》2013 年第 8 期。

47. 赵敬、李贝:《微信公众平台发展现状初探》,《新闻实践》2013 年第 8 期。

48. 聂磊、傅翠晓、程丹:《微信朋友圈:社会网络视角下的虚拟社区》,《新闻记者》2013 年第 5 期。

49. 张建军:《传统媒体如何开微博?——媒体微博应用的战略和战术》,

《新闻实践》2011 年第 3 期。

50. 唐莉斯、邓胜利:《SNS 用户忠诚行为影响因素的实证研究》,《图书情报知识》2012 年第 1 期。

51. 蒋郁青:《百度贴吧中的群体冲突分析》,《新闻世界》2010 年第 2 期。

52. 常立:《百度贴吧的传播模式解读》,《新闻界》2007 年第 5 期。

53. 熊光清:《互联网治理的国外经验》,《人民论坛》2016 年第 4 期。

54. 刘志云、刘盛:《基于国家安全的互联网全球治理》,《厦门大学学报(哲学社会科学版)》2016 年第 2 期。

55. 李婧、刘洪梅、刘阳子:《国外主要国家网络安全战略综述》,《中国信息安全》2012 年第 7 期。

(二)报纸

56. 祝华新:《守护互联网生态的晴空》,《人民日报》2013 年 10 月 31 日。

(三)学位论文

57. 赵旭:《网络社区信息交流模式研究》,吉林大学,2010 年。

58. 刘娟:《论网络论坛中的舆论形成与舆论引导》,武汉大学,2005 年。

59. 陈攀:《基于移动互联网的微信用户采纳研究》,华中科技大学,2012 年。

60. 吴茹双:《微信用户使用态度及影响因素研究》,上海交通大学,2013 年。

61. 张旭:《网络信息生态链形成机理及管理策略研究》,吉林大学,2011 年。

62. 司马湫:《我国网络生态系统的问题及对策研究》,南京林业大学,2015 年。

63. 殷红春:《品牌生态系统复杂适应性及协同进化研究》,天津大学,2005 年。

64. 孙薇:《关于 SNS 网站的媒介生态研究》,华中师范大学,2010 年。

65. 关晓兰:《网络社会生态系统形成机理研究》,北京交通大学,2011 年。

66. 董晓晴:《微博的媒介生态研究》,东北师范大学,2013 年。

67. 张靖宜:《现阶段我国网络文化生态问题研究》,河北师范大学,2013 年。

68. 胡月聆:《论网络生态系统平衡构建》,南京林业大学,2008 年。

69. 刘恩名:《互联网政治生态下的政府管理研究》,东北财经大学,2012 年。

70. 任远:《互联网政治生态下的公共权力运行与公民权利保障》,东北财经大学,2011 年。

(四)专著

71. 郑杭生:《社会学概论(新修订本)》,中国人民大学出版社 2000 年版。

72. 谢新洲:《网络传播理论与实践》,北京大学出版社 2004 年版。

73. 刘德寰、刘向清、崔凯等:《正在发生的未来:手机人的族群与趋势》,机械工业出版社 2012 年版。

(五)译著

74. [美]迪克·赫伯迪格:《亚文化风格的意义》,陆道夫等译,北京大学出版社 2009 年版。

75. [法]米歇尔·德·塞托:《日常生活实践》,方琳琳译,南京大学出版社 2009 年版。

二、英文文献

76. Prensky, M. Digital Natives, "Digital Immigrants". *The Horizon*, 2001, 9 (5).

77. Licklider J. C. R., Robert W. Tayol. "The Computer as a Communications Device". *Science and Technology*, April 1968.

78. Fu B,Li S,Yu X,et al."Chinese Ecosystem Research Network:Progress and perspectives".*Ecological Complexity*,2010,7(2).

79. Maxion R A."Toward Diagnosis as an Emergent Behavior in a Network Ecosystem".*Physica D Nonlinear Phenomena*,1990,42(1).

80. Vignola R,Mcdaniels T L,Scholz R W."Governance Structures for Ecosystem-Based Adaptation:Using Policy-network Analysis to Identify Key Organizations for Bridging Information Across Scales and Policy Areas".*Environmental Science & Policy*,2013,31(4).

81. Norton S B,Rodier DJ,Gentile J H,et al."A Framework for Ecological Risk Assessment at the EPA".*Environmental Toxicology and Chemistry*,1992(11).

82. Dhamdhere A,Dovrolis C."Twelve Years in the Evolution of the Internet Ecosystem".*IEEE/ACM Transactions on Networking*,2011,19(5).

83. Zacharakis A L, Shepherd D A, Coombs J E. "The Development of Venture-capital-backed Internet Companies:An Ecosystem Perspective".*Journal of Business Venturing*,2003,18(2).

84. Boussois K, Deniel S, Tessier-Doyen N, et al. "On the Importance of Internet eXchange Points for Today's Internet Ecosystem".*Ceramics International*, 2013,39(5).

85. Eisenach J."Broadband Competition in the Internet Ecosystem".*American Journal of Agricultural Economics*,2012,80(2).

86. Zhao X,Zhou Q,Zhang W."Constructing Strategy on Evaluation Indicators for Internet Information Ecosystem".*Journal of the China Society for Scientific & Technical Information*,2009,28(2).

87. Michel JG van Eeten and Milton Mueller,"Where is the Governance in Internet Governance",.*New Media & Society*,Vol.15,No.5,2013.

责任编辑:李之美

图书在版编目(CIP)数据

互联网生态:理论建构与实践创新/谢新洲,李佳伦 著. —北京:人民出版社,
 2023.4
ISBN 978－7－01－025299－5

Ⅰ.①互… Ⅱ.①谢…②李… Ⅲ.①互联网络-应用-生态环境建设-研究-
中国 Ⅳ.①X321.2-39

中国版本图书馆 CIP 数据核字(2022)第 226289 号

互联网生态:理论建构与实践创新
HULIANWANG SHENGTAI:LILUN JIANGOU YU SHIJIAN CHUANGXIN

谢新洲 李佳伦 著

人 民 出 版 社 出版发行
(100706 北京市东城区隆福寺街 99 号)

北京汇林印务有限公司印刷 新华书店经销

2023 年 4 月第 1 版 2023 年 4 月北京第 1 次印刷
开本:710 毫米×1000 毫米 1/16 印张:15.75
字数:250 千字

ISBN 978－7－01－025299－5 定价:68.00 元

邮购地址 100706 北京市东城区隆福寺街 99 号
人民东方图书销售中心 电话 (010)65250042 65289539

版权所有·侵权必究
凡购买本社图书,如有印制质量问题,我社负责调换。
服务电话:(010)65250042